国家林业和草原局普通高等教育"十四五"规划教材

林业生物技术实验指导书

汪 念 主编

中国林业出版社
China Forestry Publishing House

内容简介

本教材就林业生物技术中3个主要应用方向(细胞工程、基因工程和分子标记)中的基本操作开展了论述。在细胞工程中,讲述了无菌苗的获取、外植体的分化与再生、组培苗的后期培养;在基因工程中,讲述了如何以杨树为主要受体,开展目标基因的获得、载体的构建、遗传转化、转基因阳性苗的筛选和鉴定等基本操作;在分子标记中,讲述了 SSR 和 SNP 分子标记的基本概念、分子标记的筛选和鉴定等一系列基本操作。本教材可作为林学类生物技术课程实验教学的主要教材,也可作为相关从业人员技术指导书。

图书在版编目(CIP)数据

林业生物技术实验指导书 / 汪念主编 . —北京:中国林业出版社,2023.12
国家林业和草原局普通高等教育"十四五"规划教材
ISBN 978-7-5219-2473-2

Ⅰ.①林… Ⅱ.①汪… Ⅲ.①林业-生物工程-实验-高等学校-教材
Ⅳ.①S7-33②Q81-33

中国国家版本馆 CIP 数据核字(2023)第 239673 号

责任编辑:高红岩　王奕丹
责任校对:苏　梅
封面设计:五色空间

出版发行	中国林业出版社
	(100009,北京市西城区刘海胡同7号,电话83223120)
电子邮箱	cfphzbs@163.com
网　　址	www.forestry.gov.cn/lycb.html
印　　刷	北京中科印刷有限公司
版　　次	2023年12月第1版
印　　次	2023年12月第1次印刷
开　　本	710mm×1000mm　1/16
印　　张	8
字　　数	153千字
定　　价	38.00元

《林业生物技术实验指导书》
编写人员

主　　编：汪　念

副 主 编：舒常庆

编写人员：（以姓氏拼音为序）

　　　　　杜克兵　华中农业大学

　　　　　罗　杰　华中农业大学

　　　　　帅　鹏　福建农林大学

　　　　　舒常庆　华中农业大学

　　　　　舒文波　华中农业大学

　　　　　汪　念　华中农业大学

　　　　　王大玮　西南林业大学

　　　　　叶要妹　华中农业大学

　　　　　张春霞　西北农林科技大学

　　　　　曾艳玲　中南林业科技大学

前 言

生物技术是20世纪三大前沿学科之一。随着生物学的发展和人们对各种生命现象理解的持续深入，利用生物技术创造的相关产品已经成为社会物质重要来源之一。植物生物技术作为生物技术重要的分支，已经成为对植物资源开发与利用的重要途径之一。在过去的几十年中，转基因抗虫、抗病、抗除草剂植物相继问世，为人类创造了大量的高产优质植物产品。然而，针对多年生的林木和花卉而言，其生物学研究相对滞后，对应的生物技术发展还处于起步阶段，因此，在今后一段时期内，林木花卉生物技术的发展将迎来快速上升期。此外，因木本植物具有独特性，针对林木花卉的生物技术与普通植物生物技术也很有不同。

近年来，国内外农林类高校普遍把生物技术作为改造传统林学和园林专业的主要途径之一。绝大多数高校的林学、园林专业本科及研究生教育阶段都开设有林业生物技术(或园林植物生物技术)课程，并在该课程中设置实验教学环节。但是，到目前为止尚无一本正式出版的林木(或园林植物)方面的生物技术实验指导书。目前，国内虽有已出版的相近教材，但其研究对象均不是多年生林木花卉，虽可以作为林木花卉生物技术实验的参考，却不能完全代替。编者在总结各自教学与科研实践的基础上，编写了《林业生物技术实验指导》。本教材的出版将促进林学类相关专业生物技术课程教学的规范化，提升教学质量。

本教材主要介绍了林木花卉细胞工程、基因工程和分子标记3个部分的实验操作流程，以及各流程中涉及的仪器使用、试剂配制等操作规范。本教材共22个实验，从实验目的、实验原理、主要仪器及试材、实验方法与步骤、实验注意事项和思考题等方面进行讲解。通过这 22 个实验的学习，学生可以基本掌握林木花卉领域大部分的生物技术应用方法。

本教材由来自 5 所高校的 10 位教师共同编写。其中，实验 1 和实验 2 由帅鹏编写；实验 3 和实验 4 由王大玮编写；实验 5 和实验 6 由舒常庆编写；实验 7 和实验 8 由张春霞编写；实验 9 和实验 10 由曾艳玲编写；实验 11 和实验 12 由杜克兵编写；实验 13 和实验 14 由舒文波编写；实验 15 和实验 16 由罗杰编写；实验 17 和实验 18 由叶要妹编写；实验 19 至实验 22 由汪念编写。本教材实验 19 至实验 22 主要是针对研究生教学，学有余力的本科生也可以作为延伸知识进行学习。

《林业生物技术实验指导》将成为林学类相关专业本科生与研究生生物技术课程实验教学的主要教材，也可作为林业产业相关从业人员技术指导书。本教材不仅能传授学生具体的实验方法，还能培养他们综合利用这些方法，开展系列实验，完成一整套科研实践的能力，从而更好地培养他们的科技创新能力。

由于编者水平有限，书中难免还存在不足之处，诚请读者提出批评指正，我们将表示衷心的感谢，并在今后的编写中改正。

汪　念
2023 年 8 月 9 日

目 录

前 言

实验 1 培养基的配制 ··· 1

实验 2 无菌培养体系建立（初代培养） ····························· 12

实验 3 继代与增殖培养 ··· 16

实验 4 愈伤组织诱导与不定芽再生 ································ 19

实验 5 生根培养与炼苗移栽 ·· 22

实验 6 林木 DNA 的提取与质量鉴定 ······························ 26

实验 7 林木 RNA 的提取 ·· 30

实验 8 RNA 的反转录 ·· 38

实验 9 目标基因表达载体构建 ···································· 43

实验 10 大肠杆菌转化及培养 ·· 53

实验 11 质粒抽提与重组质粒鉴定 ·································· 59

实验 12 根癌农杆菌的转化与培养 ·································· 68

实验 13 外植体的遗传转化 ·· 73

实验 14 转基因材料的培养 ·· 77

实验 15 转基因材料阳性检测 ·· 81

实验 16 植物基因编辑技术应用 ····································· 87

实验 17 SSR 分子标记的开发 ······································· 94

实验 18 分子标记的 PCR 检测 ······································ 99

实验 19 利用二代测序技术进行 SNP 分子标记检测 ············· 103

实验 20 利用分子标记构建遗传图谱 ······························· 107

实验 21　数量遗传位点（QTL）定位 …………………………………………… 111
实验 22　利用分子标记开展全基因组关联分析 ………………………………… 116

参考文献 ……………………………………………………………………………… 120

实验 1　培养基的配制

一、实验目的

了解植物组织培养常用培养基的配方，掌握培养基母液和培养基的配制方法与培养基灭菌方法。

二、实验原理

植物的正常生长发育，至少需要 16 种基本元素，即碳（C）、氢（H）、氧（O）、氮（N）、磷（P）、钾（K）、钙（Ca）、镁（Mg）、硫（S）、铁（Fe）、锰（Mn）、硼（B）、锌（Zn）、铜（Cu）、钼（Mo）和氯（Cl）。离体培养的培养基一般包括无机盐、有机化合物和生长调节剂三大基本组成成分。在进行离体培养时，培养基可提供各种营养元素，如 H_2O 提供 H 和 O 元素、有机成分中的糖类提供 C 元素、无机盐提供所需的矿质元素等。

不同植物与不同组织和器官所需的营养条件不同，因此，配制适宜的培养基是决定培养物能否正常生长以及能否达到培养目的的首要条件。配制培养基时，一般先配制母液（即浓缩储备液）。

培养基采用高压蒸汽灭菌。在压力为 0.101 3 MPa、温度为 121℃ 的条件下，各种细菌及其高度耐热的芽孢可被杀死。

三、主要仪器及试材

高压灭菌锅[图 1-1(a)]、超净工作台[图 1-1(b)]等实验装置；培养瓶或培养皿、分析天平、pH 计、移液管、微量移液器、移液器枪头、量筒、容量瓶、烧杯、冰箱、母液瓶；生长调节物质（各种激素）、无机盐类、有机化合物、HCl、NaOH 等。

（a）高压灭菌锅　　　　　　　（b）超净工作台

图 1-1　高压灭菌锅与超净工作台

四、实验方法与步骤

1. 常用培养基

林木和花卉常用的培养基有 MS 培养基、WPM 培养基、DKW 培养基和 1/2MS 培养基。MS 培养基具有较高的无机盐浓度和离子浓度，目前是在植物组织培养中运用最普遍的培养基，它对于离体的植物器官、花药、原生质体和细胞的培养有普遍的适用性。WPM 和 DKW 培养基多适用于木本植物的培养。1/2MS 培养基的作用和 MS 培养基的作用大致相同，主要是降低了无机盐的浓度，一般用于植物生根培养。

2. MS 培养基母液的配制

培养基配方中各种成分的用量从每升几毫克到几千毫克不等，为了方便配制培养基，通常将培养基的不同成分先配制成高浓度的母液。MS 母液是按大量元素（编号：MS1 20×）、钙盐（编号：MS2 20×）、微量元素（编号：MS3 200×）、铁盐（编号：MS4 200×）、有机成分（编号：MS5 200×）和肌醇（编号：MS6 20×，肌醇易与其他有机成分发生反应，故单独配制贮存）配制的。其中，20×表示其浓度是工作液的 20 倍。配制铁盐时先将乙二胺四乙酸二钠（Na_2EDTA）用去离子水溶解，微波炉加热至沸腾后，拿出摇晃散热，重复加热至沸腾，重复 4 次，放至室温。再用一个瓶子将七水合硫酸亚铁（铁盐，$FeSO_4 \cdot 7H_2O$）进行溶解，待 Na_2EDTA 稍冷至不烫手后将铁盐倒入其中并混匀，不断摇晃至变色（金黄色），并保存在棕色玻璃瓶中（或用锡箔纸包裹住玻璃瓶）。其他几种母液的配制方法是根据母液配制成分表将每种母液中所需要的成分称量并用少量超纯水依次溶解，最后定容。

3. MS 培养基的配制及分装

培养基工作液的配制方式一般有两种：一种是用 MS 培养基母液配制，另一种是用 MS 培养基粉配制(具体配制方法见试剂说明书)。下面是用母液配制的步骤：

按照各种母液顺序和规定量，用移液管或量筒取母液，MS1 取 50 mL、MS2 取 50 mL、MS3 取 5 mL、MS4 取 5 mL、MS5 取 5 mL、MS6 取 50 mL 加入锥形瓶中，称取蔗糖(30 g/L)，加蒸馏水定容至 1 L，用 1 mol/L 的 NaOH 或 HCl 溶液调节 pH 值至 5.8~6.0，再加入琼脂粉(8 g/L)，微波炉调至中高火加热 20 min，混合均匀后，趁热将配制好的培养基分装入培养容器中，封口。随后置入高压灭菌锅灭菌。

MS 培养基的配方见表 1-1，其母液配制成分见表 1-2。配好的母液贮存于 2~4℃的冰箱中备用。

表 1-1 MS 培养基配方

成分	1 L 培养基用量(mg/L)
大量元素	
NH_4NO_3	1 650
KNO_3	1 900
$MgSO_4 \cdot 7H_2O$	370
KH_2PO_4	170
钙盐	
$CaCl_2 \cdot 2H_2O$	440
微量元素	
$MnSO_4 \cdot 4H_2O$	22.3
$ZnSO_4 \cdot 7H_2O$	8.6
$CuSO_4 \cdot 5H_2O$	0.025
H_3BO_3	6.2
$Na_2MoO_4 \cdot 2H_2O$	0.25
KI	0.83
$CoCl_2 \cdot 6H_2O$	0.025
铁盐	
$FeSO_4 \cdot 7H_2O$	27.8
$Na_2EDTA \cdot 2H_2O$	37.3
有机成分	
烟酸	0.5
盐酸吡哆醇(维生素 B_6)	0.5
盐酸硫胺素(维生素 B_1)	0.1
甘氨酸	2.0
肌醇	100

表 1-2 MS 培养基母液配制成分

编号	成分	1 L母液用量 称量单位(mg)	1 L培养基用量 量取单位(mL)
MS1	大量元素(20×)		50
	NH_4NO_3	33 000	
	KNO_3	38 000	
	$MgSO_4 \cdot 7H_2O$	7 400	
	KH_2PO_4	3 400	
MS2	钙盐(20×)		50
	$CaCl_2 \cdot 2H_2O$	8 800	
MS3	微量元素(200×)		5
	KI	166	
	H_3BO_3	1 240	
	$MnSO_4 \cdot 4H_2O$	4 460	
	$ZnSO_4 \cdot 7H_2O$	1 720	
	$Na_2MoO_4 \cdot 2H_2O$	50	
	$CuSO_4 \cdot 5H_2O$	5	
	$CoCl_2 \cdot 6H_2O$	5	
MS4	铁盐(200×)		5
	$FeSO_4 \cdot 7H_2O$	5 560	
	$Na_2EDTA \cdot 2H_2O$	7 460	
MS5	维生素(200×)		5
	烟酸	100	
	维生素 B_1	20	
	维生素 B_6	100	
	甘氨酸	400	
MS6	肌醇(20×)		50
	肌醇	2 000	

4. WPM 培养基母液的配制

WPM 培养基的母液是按大量元素(编号：WPM1 20×)、微量元素(编号：WPM2 200×)、钙盐(编号：WPM3 100×)、铁盐(编号：WPM4 200×)、肌醇(20×)、甘氨酸(200×)、维生素 B_1(200×)、维生素 B_6(200×)和烟酸(200×)配制的，培养基母液的配制方法与 MS 培养基基本一致。WPM 培养基配方见表1-3，其母液配制成分见表1-4。配好的母液贮存于2~4 ℃的冰箱中备用。其中铁盐保存在棕色玻璃瓶中(或用锡箔纸包裹住玻璃瓶)。

5. WPM 培养基的配制及分装

用母液配制 WPM 培养基时，须按照各种母液顺序和规定量，用移液管或量筒取母液，包括 WPM1 50 mL、WPM2 5 mL、WPM3 10 mL、WPM4 5 mL、肌醇 50 mL、甘氨酸 5 mL、维生素 B_1 5 mL、维生素 B_6 5 mL、烟酸 5 mL，加入锥形瓶中；称取蔗糖(20 g/L)，加蒸馏水定容至 1 L，用 1 mol/L 的 NaOH 或 HCl 溶液调节 pH 值至 5.8~6.0，再加入琼脂(7 g/L)；微波炉调至中高火加热 20 min，混合均匀后，趁热将配制好的培养基分装入培养容器中，封口后置于高压灭菌锅灭菌。

6. DKW 培养基母液的配制

DKW 培养基的母液是按大量元素(编号：DKW1 20×)、钙盐(编号：DKW2 20×)、微量元素(编号：DKW3 1000×)、铁盐(编号：DKW4 200×)、有机成分(编号：DKW5 200×)和肌醇(编号：DKW6 200×，肌醇易与其他有机成分发生反应，故单独配制贮存。)配制的。母液的配制方法培养基母液的配制方法与 MS 培养基基本一致。DKW 培养基配方见表1-5，其母液配制成分见表1-6。配好的母液贮存于2~4 ℃的冰箱中备用。其中铁盐保存在棕色玻璃瓶中(或用锡箔纸包裹住玻璃瓶)。

7. DKW 培养基的配制及分装

用母液配制 DKW 培养基时，须按照各种母液顺序和规定量，用移液管或量筒取母液，包括 DKW1 50 mL、DKW2 50 mL、DKW3 1 mL、DKW4 5 mL、DKW5 5 mL、DKW6 5 mL 加入锥形瓶中；称取蔗糖(30 g/L)，加蒸馏水定容至 1 L，用 1 mol/L 的 NaOH 或 HCl 溶液调节 pH 值至 5.8~6.0，再加入琼脂(7 g/L)；微波炉调至中高火加热 20 min，混合均匀后，趁热将配制好的培养基分装入培养容器中，封口后置于高压灭菌锅灭菌。

表1-3 WPM 培养基配方

成分	1 L 培养基用量(mg/L)
大量元素	
K_2SO_4	990
$MgSO_4 \cdot 7H_2O$	370
KH_2PO_4	170
NH_4NO_3	400

(续)

成分	1 L 培养基用量(mg/L)
微量元素	
$MnSO_4 \cdot H_2O$	17
$ZnSO_4 \cdot 7H_2O$	8.6
$CuSO_4 \cdot 5H_2O$	0.25
H_3BO_3	6.2
$Na_2MoO_4 \cdot 2H_2O$	0.25
钙盐	
$Ca(NO_3)_2 \cdot 4H_2O$	556
$CaCl_2 \cdot 2H_2O$	96
铁盐	
$FeSO_4 \cdot 7H_2O$	27.8
Na_2EDTA	37.3
有机物	
肌醇	100
甘氨酸	2.0
维生素 B_1	1.0
维生素 B_6	0.5
烟酸	0.5

表 1-4　WPM 培养基母液配制成分

编号	成分	1 L 母液用量 称量单位(mg)	1 L 培养基用量 量取单位(mL)
WPM1	大量元素(20×)		
	K_2SO_4	19 800	50
	$MgSO_4 \cdot 7H_2O$	7 400	
	KH_2PO_4	3 400	
	NH_4NO_3	8 000	
WPM2	微量元素(200×)		
	$MnSO_4 \cdot H_2O$	3 400	5
	$ZnSO_4 \cdot 7H_2O$	1 720	
	$CuSO_4 \cdot 5H_2O$	50	
	H_3BO_3	1 240	
	$Na_2MoO_4 \cdot 2H_2O$	50	
WPM3	钙盐(100×)		
	$Ca(NO_3)_2 \cdot 4H_2O$	55 600	10
	$CaCl_2 \cdot 2H_2O$	9 600	

（续）

编号	成分	1 L 母液用量	1 L 培养基用量
WPM4	铁盐(200×)		
	$FeSO_4 \cdot 7H_2O$	5 560	5
	$Na_2EDTA \cdot 2H_2O$	7 460	
有机物	肌醇(20×)		
	肌醇	2 000	50
	维生素(200×)		
	甘氨酸	400	5
	维生素 B_1	200	5
	维生素 B_6	100	5
	烟酸	100	5

表 1-5 DKW 培养基配方

成分	1 L 培养基用量(mg/L)
大量元素	
NH_4NO_3	1 416
$MgSO_4 \cdot 7H_2O$	740
KH_2PO_4	265
K_2SO_4	1 559
钙盐	
$CaCl_2 \cdot 2H_2O$	149
$Ca(NO_3)_2 \cdot 4H_2O$	1 968
微量元素	
$MnSO_4 \cdot 4H_2O$	33.4
$Zn(NO_3)_2 \cdot 6H_2O$	17
$CuSO_4 \cdot 5H_2O$	0.25
H_3BO_3	4.8
$Na_2MoO_4 \cdot 2H_2O$	0.39
$NiSO_4 \cdot 6H_2O$	0.005
铁盐	
$FeSO_4 \cdot 7H_2O$	33.8
$Na_2EDTA \cdot 2H_2O$	45.4
有机物	
烟酸	1
维生素 B_1	2
维生素 B_6	0.5
甘氨酸	2.0
肌醇	100

表 1-6 DKW 培养基母液配制成分

编号	成分	1 L 母液用量 称量单位(mg)	1 L 培养基用量 量取单位(mL)
DKW1	大量元素(20×)		
	NH_4NO_3	28 320	50
	$MgSO_4 \cdot 7H_2O$	14 800	
	KH_2PO_4	5 300	
	K_2SO_4	31 180	
DKW2	钙盐(20×)		
	$CaCl_2 \cdot 2H_2O$	2 980	50
	$Ca(NO_3)_2 \cdot 4H_2O$	39 360	
DKW3	微量(1000×)		
	$MnSO_4 \cdot 4H_2O$	33 400	1
	$Zn(NO_3)_2 \cdot 6H_2O$	17 000	
	$CuSO_4 \cdot 5H_2O$	250	
	H_3BO_3	4 800	
	$Na_2MoO_4 \cdot 2H_2O$	390	
	$NiSO_4 \cdot 6H_2O$	5	
DKW4	铁盐(200×)		
	$FeSO_4 \cdot 7H_2O$	6 760	5
	$Na_2EDTA \cdot 2H_2O$	9 080	
DKW5	维生素(200×)		
	烟酸	200	5
	维生素 B_1	400	
	维生素 B_6	100	
	甘氨酸	400	
DKW6	肌醇(200×)		
	肌醇	20 000	5

8. 激素、抗生素的配制

激素的使用浓度很低,一般分别配制成 0.1~1.0 mg/mL 浓度的溶液。不同药品在配制时若不溶于水,可用少量不同的溶剂先溶解。助溶剂一般为 1 mol/L 的 NaOH、1 mol/L 的 HCl 或者 95%的无水乙醇。但由于使用 95%的无水乙醇助溶后偶尔会析出少量结晶,所以常用 1 mol/L 的 NaOH 和 1 mol/L 的 HCl。

激素、抗生素母液配制时,须用万分之一天平称取 50 mg 激素或抗生素,用助溶剂溶解。在 100 mL 的容量瓶中用超纯水定容，配制的母液每毫升含有激素或抗生素 0.5 mg，配制后一般要求用无菌 0.22 μm 滤膜过滤并分装到 1.5~2 mL 的无菌离心管中，之后再在低温（-20℃）保存。配制培养基时如每升（1 000 mL）需添加的生长调节剂物质为 0.5 mg 时，取 1 mL 母液即可。

下面列举了一些常见的激素和抗生素的配制和灭菌方案（表 1-7）。它们名称与简写对应关系为：噻苯隆（TDZ）、激动素（KT）、6-苄基氨基嘌呤（6-BA）、N^6-异戊烯基腺嘌呤（2-IP）、玉米素（ZT）、吲哚-3-乙酸（IAA）、吲哚丁酸（IBA）、萘乙酸（NAA）、2,4-二氯苯酚乙酸（2,4-D）、新型革兰阴性菌抗生素特美汀（TMT）。

表 1-7 常见激素、抗生素配制与灭菌方案表

种类	名称	分子量	溶解方法	灭菌方式	配制方法
细胞分裂素					
	TDZ	220.25	1 mol/L NaOH	可高压灭菌	称取所需 TDZ 后用少量 1 mol/L NaOH 助溶后，加水定容
	KT	215.21	1 mol/L HCl	可高压灭菌	称取所需 KT 后用少量 1 mol/L HCl 助溶后，加水定容
	6-BA	225.25	1 mol/L NaOH	可高压灭菌	称取所需 6-BA 后用少量 1 mol/L NaOH 助溶后，加水定容
	2-IP	203.24	1 mol/L HCl	抽滤除菌	称取所需 2-IP 后用少量 1 mol/L NaOH 助溶后，加水定容
	ZT	219.20	1 mol/L NaOH	抽滤除菌	称取所需 ZT 后用少量 1 mol/L NaOH 助溶后，加水定容
生长素					
	IAA	175.19	95%乙醇	抽滤除菌	称取所需 IAA 后用少量 95%乙醇助溶后，加水定容
	IBA	203.24	1 mol/L NaOH	可高压灭菌	称取所需 IBA 后用少量 1 mol/L NaOH 助溶后，加水定容
	NAA	186.21	1 mol/L NaOH	可高压灭菌	称取所需 NAA 后用少量 1 mol/L NaOH 助溶后，加水定容
	2,4-D	221.04	1 mol/L NaOH	可高压灭菌	称取所需 2,4-D 后用少量 1 mol/L NaOH 助溶后，加水定容
抗生素					
	TMT	428	ddH_2O	抽滤除菌	称取所需特美汀后缓慢加水溶解
	头孢霉素	477.45	ddH_2O	抽滤除菌	称取所需头孢后缓慢加水溶解

9. 培养基的灭菌

培养基配制分装后应及时灭菌，目的是避免微生物在培养基中发酵，从而破坏培养基的营养成分。一般采用中型立式灭菌锅，灭菌前往锅内倒入蒸馏水，直至没过锅底部的孔槽，放入配制好的培养基。加盖，按下"Start"键。锅内温度上升到121℃后，灭菌20 min后向外排气降压（可自动完成）。等压力降到零后，开盖，待湿热蒸汽散去后取出培养基，冷凝待用。

培养基中加入的不耐热物质（如抗生素等）不能用高压灭菌，必须进行过滤灭菌，待培养基高温灭菌后降至合适温度后加入。

五、实验注意事项

(1) 1/2MS（1 L）培养基的配制方法与MS培养基不同，其大量元素（MS1）和钙盐（MS2）须减半，其他与MS培养基配制方法一样。

(2) 在配制培养基母液或者培养基时，各种成分要严格按照添加方式和添加顺序加入，以免培养基产生沉淀现象。

①配制大量元素母液时，最好是将各种无机盐单独溶解后，再混合定容。

②配制微量元素母液时，应按硫酸锰、硫酸锌、硫酸铜、硼酸、钼酸钠、碘化钾和氯化钴的顺序单独溶解后混合定容。

③配制铁盐时，要注意将$FeSO_4 \cdot 7H_2O$和Na_2EDTA分别完全溶解后，并将Na_2EDTA稍放置至不再烫手后，再将二者混合在一起，最后定容到所需体积。如果铁盐在配制时$FeSO_4 \cdot 7H_2O$和Na_2EDTA螯合不彻底，冷藏后可能会析出部分结晶。

(3) 配制培养基母液时，应按照培养基配方逐一添加成分，以免出现错误。否则会导致以后用错误母液配制的所有培养基都出现问题而不能被及时发现。

(4) 配好的铁盐应装入棕色瓶避光保存，通常同有机化合物一样放入冰箱保存。

(5) 培养基的pH值会显著影响培养物的生长状态，并且培养基在经过高压蒸汽灭菌后pH值会降低0.2~0.5，因此要格外注意。

(6) 新的玻璃器皿在第一次使用之前应彻底清洗干净。

(7) 若培养基盛放在带螺口的瓶子中，那么在对瓶子进行高压灭菌之前要稍拧松螺口，以免瓶子在灭菌过程中发生爆炸，或者瓶盖在培养基冷却后很难打开。

(8) 要添加的过滤灭菌成分，应在经过高压灭菌的培养基温度降到比凝固温度高10℃左右时加入，并充分混匀，尽快分装。

(9)灭菌后的培养基一般应在 2 周内使用完毕,贮存时间过长会造成潜在的污染。

六、思考题

(1)培养基的组成成分有哪几类?在离体培养中各有什么功能?
(2)培养基灭菌时为什么要先放冷空气?

实验 2　无菌培养体系建立（初代培养）

一、实验目的

掌握外植体采集与消毒方法、无菌操作技术及初代培养的基本条件。

二、实验原理

选取适宜的外植体是植物组织培养成功的关键之一。植物外植体都是带菌的，在进行离体培养之前，必须先对外植体进行消毒灭菌处理，以获得无菌植物材料。常用的方法是用消毒剂进行表面灭菌，但消毒剂对植物细胞有杀伤作用，因此，要根据外植体对消毒剂的敏感性和其受污染程度来确定消毒剂种类、浓度及处理时间。常用的消毒剂有乙醇、次氯酸钠、过氧化氢、氯化汞、硝酸银和溴水等。用于无菌操作的器械采用灼烧灭菌。

接种是严格的无菌操作过程。外植体经过灭菌后，应立即在无菌操作台上进行无菌接种。接种过程应尽可能快，操作要谨慎，以避免染菌及操作不当引起污染。

接种后的材料应尽快放置于适宜的培养条件下培养。适宜的培养条件主要包括合适的光照、温度、培养基 pH 值及培养环境的空气流通程度等。

三、主要仪器及试材

超净工作台、组培室等实验装置；带芽茎段；芽诱导培养基、75%乙醇、消毒剂等。

四、实验方法与步骤

1. 外植体采集

对大多数植物而言，取材的时间、环境对之后的培养都存在影响。一般外植体采集地点可分为野外和室内。野外材料表面会附着大量的微生物,相较于室内材料更难除菌,利用其组培更易出现真菌污染。因此,材料接种前的消毒处理至关重要。另外,应选择在生长健壮、无病害的母株上取材,这样获取的外植体代谢旺盛、再生能力强,组培更易成功。

(1)采集时间

外植体采集往往选择在植物生长的旺期进行,此时外植体内的内源激素含量高,易分化、成活率高且生长速度快,而处于休眠期的外植体材料萌发困难或者不萌发。外植体一般选择晴天下午采集,不宜选择在阴雨天或露水未干时,否则采集的外植体往往带菌较多,灭菌比较困难。

(2)采集部位

植物体的各个部位几乎都可以用作植物组织培养,常用的外植体一般为植物茎尖、带腋芽茎段、种子、叶片、叶柄等。此外也可以使用花药、花粉、子叶和下胚轴等进行植物组织培养。

当采集的外植体为植株带腋芽的嫩茎时,应剪去叶片,并剪成 3~5 cm 长的茎段,切记不要伤到腋芽。采集的外植体多暴露在空气中,而且本身也会附着较多的油脂、绒毛、菌等,因此,采集的外植体应先用流水冲洗 5~10 min,软毛刷刷洗后,再用洗洁剂浸泡 15~20 min,并不时晃动,其间可继续用软毛刷刷洗,最后用流水冲洗 0.5~2 h。流水冲洗处理如图 2-1 所示。

图 2-1 外植体流水冲洗处理

2. 外植体消毒

流水冲洗后的外植体须在超净工作台中进行表面灭菌,可先用 75%的乙醇浸润外植体,再用消毒剂消毒,一般多采用次氯酸钠,也可用漂白粉、氯化汞等。消毒灭菌后,用无菌水清洗数次。常用的消毒剂见表 2-1。

3. 无菌接种操作流程(以带腋芽茎段为例)

(1)超净工作台灭菌

开始无菌操作前 0.5 h,将所需一切用具放入超净工作台并打开紫外灯,照射 20 min,然后关闭紫外灯,使超净工作台正常送风,10 min 后即可开始无菌

表 2-1　常用消毒剂

消毒剂	常用浓度(%)	消毒时间(min)	效果	残液去除难易	对植物毒害程度
次氯酸钠	2~5	5~30	好	易	无
次氯酸钙	9~10	5~30	好	易	无
漂白粉	9~10	5~30	好	易	低毒
氯化汞	0.1~0.2	2~10	最好	最难	剧毒
过氧化氢	10~12	5~15	较好	最易	无
硝酸银	1	5~30	好	较难	低毒

操作。

(2) 材料消毒

将被流水冲洗过的外植体置于75%的乙醇中浸润30 s，用无菌水冲洗3~4次，再置于0.1%氯化汞溶液中浸泡6~8 min，用无菌水冲洗5~10次，最后置于无菌滤纸上吸干表面水分。

(3) 双手及接种器械灭菌：进行无菌操作前，戴好手套、穿好工作服。用75%的乙醇擦拭台面并消毒双手。所有接种器械用红外线灭菌器灼烧灭菌。

(4) 接种

首先切去植物材料两端接触消毒剂约0.3 cm的部分。接种的茎段不宜过长或过短，每个茎段包含2个左右的芽。将茎段接种到配制的茎尖和茎段的芽诱导培养基上，每瓶接种数不宜过多，一般3个茎段即可。在培养容器上标明材料名称、培养基代号和接种日期。

4. 培养条件

接种完成后，应尽快将接种材料置于适当的培养条件下进行培养，并定期进行观察记录。

温度、光照、湿度、气体和培养基pH值等一般为植物组织培养需要关注的培养条件。不同的植物繁殖的最适温度不同，大多数植物最适宜的培养温度为(25 ± 2)℃。光照对外植体的生长和分化尤为重要，主要表现在光强、光周期和光质3个方面。不同的培养时期，外植体对光强的需求不同，一般1 000~4 000 lx就能满足大多数植物生长的需要，光周期一般为16 h的光照，8 h的黑暗。环境中的相对湿度过高或过低对植物生长均不利，一般要求保持在70%~80%。植物的生长需要氧气，因此，将外植体接种在固体培养基时，应将其生长部分置于培养基表面；进行液体培养时，要进行振荡和旋转或者是浅层培养。

五、实验注意事项

(1) 表面消毒剂对植物组织是有害的,消毒时应根据外植体的种类、大小、幼嫩程度探索并选择合适的消毒剂种类、浓度和处理时间,以减少植物组织的死亡。

(2) 消毒剂最好在使用前临时配制,氯化汞仅可在短时间内贮用。

(3) 灭菌后的材料应立即接种,以免造成二次污染。

(4) 紫外线对人体有危害,工作台灭菌时,禁止将皮肤暴露于紫外灯下或眼睛直视紫外光。超净工作台上的紫外灯关闭后不要立即走近工作台,以免臭氧伤害呼吸道和眼睛。

(5) 无菌操作时注意手臂切勿从培养基、无菌材料或接种工具上方经过,以免造成污染。

(6) 应将氯化汞和硝酸银等废液收集,防止污染水源和土壤。

(7) 初代培养结束时(一般为 20 d 或 30 d),统计芽的萌发率及外植体生长情况。

六、思考题

(1) 外植体消毒后,为什么要将与消毒剂接触过的切面切除?

(2) 用消毒剂处理外植体后,为什么要用无菌水清洗?

(3) 为了尽量减少污染,在进行无菌操作时应注意哪些问题?

实验 3　继代与增殖培养

一、实验目的

掌握无菌苗继代增殖培养的基本条件与操作技术。

二、实验原理

培养材料在培养基中培养一段时间后，培养基中的营养物质逐渐耗尽，且培养物在生长过程中可能会产生一些有毒物质，对其以后的生长产生抑制作用，因此须更换培养基，即继代培养。同时，在组织培养过程中，因后续工作需要更多的组培苗，也须对培养物进行增殖培养。因此，继代培养和增殖培养往往同步进行。此过程将获得大量组培苗，为后续建立植物快繁体系或基因工程体系奠定基础。

一般组织培养过程中植株再生分为直接器官发生和间接器官发生。直接器官发生包括利用带腋芽茎段或通过诱导不定芽进行扩增繁殖；间接器官发生一般包括利用外植体诱导出愈伤组织，愈伤组织再直接诱导出不定芽或诱导出胚状体。兰科植物往往还可以利用诱导原球茎的方式进行扩增繁殖。

本实验主要讲述利用杨树带腋芽茎段和诱导丛芽的方式进行继代与增殖培养。

三、主要仪器及试材

超净工作台、组培室等实验装置；无菌玻璃皿、滤纸、镊子、刀片、酒精灯、笔等；配制的茎尖和茎段的芽诱导培养基及无菌苗。

四、实验方法与步骤

1. 继代培养

（1）配制继代培养基

继代培养基可与原培养基相同，也可根据实验需要设计新的培养基。

继代培养基配方为 WPM+头胞霉素(cef)(300 mg/L)、蔗糖(20 g/L)和琼脂(7~8 g/L)，pH 值须控制在 5.8~6.0，并趁热分装于 200 mL 组培瓶，每瓶约 30 mL，待培养基冷却凝固后再使用。

（2）继代培养操作

按照无菌操作过程，将所需的一些器皿等放入超净工作台进行紫外杀菌。

选取没有污染的组培材料进行继代培养。打开培养瓶，取出一整棵植株放置在玻璃皿上，用镊子和刀片截取带顶芽的一段茎段，长度 3~4 cm，并切除多余的叶片，接入继代培养基中，在培养瓶上写明培养物名称、培养基名称和日期（图 3-1）。

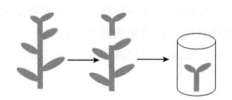

图 3-1　继代培养示意

（3）培养室培养

将材料置于适宜的培养条件下进行培养。

2. 腋芽增殖培养操作

（1）配制增殖培养基

当需要得到某一个植株株系大量的组培苗，我们就要对该株系进行增殖培养，以满足后期实验的需要。

增殖培养基配方为 WPM+cef(300 mg/L)、蔗糖(20 g/L)和琼脂(7~8 g/L)，pH 值控制在 5.8~6.0。

（2）增殖培养操作

操作步骤同继代培养操作，只是所取的材料部位有所不同，截取的是除去顶芽以外的带腋芽的茎段，并切去多余的叶片，长度 3~4 cm，接入增殖培养基当中，在培养瓶上写明培养物名称、培养基名称和日期（图 3-2）。

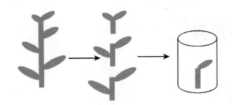

图 3-2 腋芽增殖培养示意

(3)培养室培养

将材料置于适宜的培养条件下进行培养。

五、实验注意事项

(1)在进行继代培养和增殖培养操作时,手尽量避免触碰瓶口等容易造成污染的地方。

(2)一定要等镊子和刀片彻底放凉后再进行操作,否则容易烫伤植株。

(3)进行继代时,若发现培养物的底部长出愈伤组织,应将其切去。

(4)要根据植株的生长周期及时进行继代培养或者增殖培养,否则会因为培养基的营养缺失导致植株叶片发黄枯萎甚至死亡。

(5)组培苗培养期间,须随时观察其生长状况,如遇有细菌污染或真菌污染应及时转移到新的培养基。

六、思考题

(1)能否用长期继代的方法保存植物材料?有何优缺点?

(2)实验结束后,试统计增殖率(或倍数)、有效芽率,并观察芽生长状态。

实验 4　愈伤组织诱导与不定芽再生

一、实验目的

掌握无菌苗愈伤组织诱导与不定芽再生的基本条件与操作技术。

二、实验原理

已有特定结构与功能的植物组织，在一定条件下，其细胞被诱导改变原来的发育途径，逐步逆转其原有的分化状态，转变为具有分生能力的胚性细胞，这个过程称为脱分化。来自植物各种器官的外植体在离体培养条件下，细胞经脱分化等一系列过程，改变了它们原有的特性而形成一种能迅速增殖的无特定结构和功能的细胞团，即愈伤组织。一般情况下，植物各器官和组织均有诱导产生愈伤组织的潜在可能性。

三、主要仪器及试材

超净工作台、组培室等实验装置；无菌玻璃皿、滤纸、镊子、刀片、酒精灯、笔等；配制的愈伤诱导和不定芽诱导培养基及无菌苗。

四、实验方法与步骤

1. 愈伤组织的诱导

（1）外植体的选择

选择适宜的外植体对于诱导愈伤组织极为重要。一般而言，分化水平较低的薄壁细胞和处于分裂的分生组织细胞较容易诱导出愈伤组织。薄壁细胞分化水平较低，其进行分裂的潜力可保持很多年，如 25 年树龄的楸属茎的薄壁细胞仍可诱导形成愈伤组织；细胞分裂是脱分化形成愈伤组织的前提，而分生组织细胞分裂能力强，因此是诱导愈伤组织最合适的外植体。

外植体的生理年龄也影响愈伤组织器官发生的能力。如油菜植株的茎段自下而上进行培养的效果就不同，下部器官形成率较低，而上部形成愈伤组织的苗分化率较高。

例如，取杨树组培苗叶片：取生长 25~30 d 的健壮叶片，切去叶边缘形成叶盘(图 4-1)，并在叶盘中划出垂直于主脉的伤口。

(2)诱导愈伤组织培养基的配方

愈伤组织诱导的成败关键不是外植体的来源和种类，而是培养条件，其中激素的种类和浓度最为

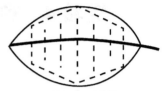

图 4-1 叶盘示意

重要。诱导愈伤组织常用的生长素是 2,4-D、IAA 和 NAA，常用的细胞分裂素是 KT 和 6-BA。在愈伤组织被诱导、增殖后，有的质地松软，有的质地坚实，且在培养过程中可由生长调节物质进行调控，使其质地互相转换。2,4-D 是诱导愈伤组织和细胞悬浮培养的最有效物质，常用浓度为 0.2~2 mg/L，通常为促进细胞和组织的生长还要加入 0.5~2 mg/L 的细胞激动素。

例如，杨树诱导愈伤组织培养基配方为 WPM+KT(0.5 mg/L)、2,4-D(1.0 mg/L)、卡那霉素(kan)(50 mg/L)、TMT(300 mg/L)、cef(300 mg/L)、蔗糖(20 g/L)和琼脂(7~8 g/L)，pH 值控制在 5.8~6.0。

(3)实验步骤

用 75%乙醇将超净工作台擦洗干净，将接种所用的材料、工具、培养基等准备好放入工作台紫外杀菌，并将镊子和刀片用红外仪充分灼烧，待凉透后再使用。取生长 25~30 d 的杨树组培苗健壮叶片，切去叶边缘形成叶盘，并在叶盘中划出垂直于主脉的伤口。将切好的叶盘背面朝上放在培养基上，每个培养皿放置 10 片左右。每隔一段时间须更换培养基，并在培养皿上写明培养物名称、培养基名称和日期。

(4)培养室培养

将材料置于适宜的培养条件下进行培养。

2. 不定芽的诱导

愈伤组织在培养基中生长，在一定条件下首先导致类形成层的细胞成群出现，称为分生原基，也称为生长中心。

(1)诱导不定芽培养基的配方(以杨树为例)

杨树诱导不定芽培养基配方为 WPM、TDZ(0.02 mg/L)、kan(50 mg/L)、TMT(300 mg/L)、cef(300 mg/L)、蔗糖(20 g/L)和琼脂(7~8 g/L)，pH 值控制在 5.8~6.0。

(2) 实验步骤(以杨树为例)

当愈伤组织形成后,将生长状态良好、色泽新鲜未褐化的愈伤组织切下来,接入到不定芽诱导培养基上,光照培养(图 4-2)。每隔一段时间须更换培养基,并在培养皿上写明培养物名称、培养基名称和日期。

图 4-2　杨树不定芽的诱导

愈伤组织会从白色变为淡红色,再由淡红色变为绿色直至长出丛芽。丛芽长到一定高度后就可切下放到新的培养基,光照培养。每隔一段时间须更换培养基,并在培养皿上写明培养物名称、培养基名称和日期。

(3) 培养室培养

将材料置于适宜的培养条件下进行培养。

五、实验注意事项

(1) 新鲜的愈伤组织颜色为白色或淡黄色有光泽,在叶盘的伤口处会形成一个有硬度的凸起,须及时切下,否则愈伤组织老化会影响诱导效率。
(2) 要使外植体大面积接触培养基,切口表面伤口也要尽可能大一些。
(3) 及时切除叶盘褐化或者边缘发黑部分,避免营养的不必要消耗。
(4) 在操作每个愈伤长出的丛芽时,注意不要切掉其顶芽。
(5) 整个操作过程注意无菌操作。

六、思考题

(1) 为什么要将叶盘划出伤口?
(2) 光培养与暗培养对诱导愈伤组织有什么影响?
(3) 影响不定芽生长的因素有哪些?

实验 5　生根培养与炼苗移栽

一、实验目的

掌握无菌苗生根培养与炼苗移栽的基本条件和操作技术。

二、实验原理

激素在细胞生长与个体发育中具有重要的调控作用。离体培养下的器官分化，大多数情况下是通过外源提供适宜的植物激素实现的。生长素与细胞分裂素在离体器官分化调控中占有主导地位。当培养基中的生长素浓度/细胞分裂素浓度高时，有利于根的形成，低时有利于芽的形成。在生根培养中常用的生长素有 NAA、IBA 和 IAA，常用的细胞分裂素有 6-BA 和 KT。

大量研究发现，培养基中矿物质元素浓度较高时有利于发展茎叶，较低时有利于生根，因此，生根培养基多采用 1/2MS 或 1/4MS 培养基。

适时移栽是组培苗成活的关键。组培苗移栽的成活率不仅和周围环境条件、操作技术有关，也和其自身的生长发育状况有直接关系。组培苗在生根培养基中生根并伴生侧根后，那些叶色浓绿、粗壮的苗子成活率比较高。若根系开始由白色变黄甚至变为褐色，那么尽管生长发育旺盛，移栽后也不容易成活。

组培苗是在无菌、有营养供给、适宜光照和温度、近 100%的相对湿度环境条件下生长的，因此，在生理和形态等方面都与自然条件下正常生长的小苗有着很大的差异。所以，移栽前必须经过炼苗，如通过控水、减肥、增光、降温等措施，使它们生理、形态和组织上发生相应的变化，从而使其逐渐地适应外界环境，这样才能保证组培苗顺利移栽成功。

三、主要仪器及试材

超净工作台、组培室等实验装置；无菌苗、大棚、营养钵、营养土、穴盘、生根的组培苗。

四、实验方法与步骤

无菌苗植株健壮,高度达到 2~3 cm 时,即可进行生根培养。待无菌苗生根后,可对其进行炼苗移栽。

1. 配制生根培养基

生根培养基指在 1/2MS 或 1/4MS 培养基中,添加浓度比例较高的生长素和细胞分裂素(表 5-1)。常用的生长素为 IBA 和 NAA,其浓度一般为 0.1~10 mg/L,有的植物还需添加细胞分裂素 6-BA 等。

表 5-1 生根培养基配方示例

序列号	培养基	IBA (mg/L)	NAA (mg/L)	6-BA (mg/L)	适用植物
1	1/2MS	2	—	—	美国红枫
2	1/2MS	—	0.4	0.1	铁皮石斛
3	1/2MS	0.5	—	—	微型月季、樱花
4	1/2MS	1.0	0.5	—	金线莲
5	1/4MS	1.0	—	—	北美海棠
6	MS	—	0.05	1.0	紫椴

2. 生根培养操作

生根培养操作与继代培养操作相似。超净工作台灭菌后,用镊子将无菌苗从培养容器中取出,置于无菌滤纸上,切去底部与培养基接触过的部位,再将无菌苗切成 1.5~2 cm 的茎段并去除叶片,最后将其接入生根培养基中。

3. 培养室培养

将材料置于适宜的培养条件下进行培养。

4. 炼苗

炼苗的主要措施是:移栽前,向生根的组培瓶内倒入少量的水,瓶盖保持拧松的状态,在培养室中炼苗 3~4 d,使之逐步适应后,再打开盖子,使小苗在正常环境下炼苗 7~10 d,最后将小苗根部于培养基中拽出,置于清水中培养 7 d 后移栽到营养钵中。

5. 移栽

(1)移栽基质

移栽组培苗的基质应疏松、通气且有良好的排水性能。可用蛭石∶河沙(1∶1)或者珍珠岩∶河沙(1∶1),也可用蛭石∶草炭(1∶1)。一般可采用泥炭土:蛭石:珍珠岩(1:1:1)为基质。移栽后要注意浇水施肥。

(2) 移栽

从培养基中取出生根的小苗,用自来水将根部黏着的培养基冲洗干净,以防残留培养基滋生的杂菌。但要轻轻操作,避免伤根。栽植时,用一个筷子粗的竹签在经过高温灭菌后的基质中插一个小孔,然后将小苗插入,再把小苗周围基质压实,注意幼苗较嫩,切勿弄伤。栽前基质要浇透水,栽后轻浇薄水(图5-1)。

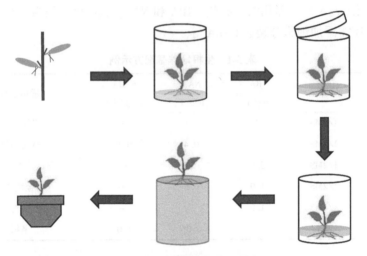

图 5-1　杨树组培苗生根与炼苗

6. 移栽后管理

组培苗移栽后,根系有一个恢复阶段。因此,移栽后要注意保温、保湿,并提供适宜光照条件。组培苗移栽对温度有比较严格的要求(18~25℃),温度过低根系不生长,而高于30℃时,根易褐化,地上部分易得茎腐病;空气相对湿度应保持在90%以上;刚刚移栽的组培苗在1~5 d内以散射光为最好,当组培苗挺立展叶后,可逐渐加强通风、透光。

组培苗首次移栽7 d后,需要进行叶片表面施肥,可喷施1/4~1/2的MS营养液。为保持组培苗旺盛生长,施肥量应随新芽的生长情况不同做出及时调整。移栽苗种植一个月后,每隔7 d对其喷施低浓度的复合肥,同时混入稀释1 000倍的多菌灵杀菌剂,可使移栽苗生长健壮。

五、实验注意事项

(1)无菌苗用于生根培养前,应适当进行壮苗,否则无菌苗太弱小,不利于以后生根成活。

(2)将幼苗从培养基中取出,一定要完全洗净附着在根上的培养基,否则会烂根。

(3)基质使用前最好消毒处理,可用高压灭菌或烘烤灭菌。

六、思考题

(1)除了无菌苗,其他材料能否用于生根培养?

(2)观察生根进程。生根培养结束时,观察生根情况,统计生根率、生根数、根长等指标。

(3)为什么要进行炼苗?

(4)移栽过程中需注意哪些事项?

(5)实验结束后对整个组培快繁实验进行总结。

实验 6 林木 DNA 的提取与质量鉴定

一、实验目的

了解林木 DNA 提取的原理和操作方法，掌握开展 DNA 完整性、浓度、纯度等质量指标检测多种方法。

二、实验原理

1. DNA 提取原理

核酸是生物有机体中的重要成分，主要分为脱氧核糖核酸（DNA）和核糖核酸（RNA）。生物体中的核酸常与蛋白质结合在一起，以核蛋白的形式存在。DNA 提取的主要目标是将细胞破碎物、蛋白质、多糖、多酚和 RNA 等杂质去除，最后保留纯度较高的 DNA。在提取 DNA 时，一般通过外力破碎细胞壁，将 DNA 与蛋白质的复合体释放到细胞破碎物中。十六烷基三甲基溴化铵（cetyltrim-ethylammonium bromide；CTAB）法是最常用的一种植物基因组 DNA 提取方法。CTAB 是一种强力去污剂，它可溶解细胞膜，还能与核酸形成复合物 CTAB-核酸。在高盐溶液（0.7 mol/L NaCl）中 CTAB-核酸复合物可溶于水溶液，而在低盐溶液（0.3 mol/L NaCl）中该复合物则会在水溶液中形成沉淀。随后，通过超速离心就能将 CTAB-核酸复合物与蛋白质、多糖等杂质分离。最后，CTAB-核酸复合物再用 70%~75% 乙醇浸泡即可洗脱掉 CTAB，获得核酸溶液。在核酸溶液中加入适量的 RNA 降解酶（RNase）可以将 RNA 剔除，最后获得高纯度的 DNA。

2. DNA 质量检测原理

提取的高质量 DNA 应结构完整、片段大小一致（一般在 10~40 kb）且杂质少。针对 DNA 的质量检测一般采用琼脂糖凝胶电泳法和分光光度计测定法。因为磷酸末端的存在，DNA 带负电荷，在琼脂糖凝胶电泳中，DNA 会从负极跑向正极。高质量 DNA 在凝胶电泳中表现为条带单一，大小在 10 kb 以上，拖带少（无 RNA 污染）。通过 DNA 琼脂糖凝胶电泳条带的亮度与已知量的 DNA 亮度进行对比，可大概估算出 DNA 的浓度。DNA 或 RNA 链上碱基的苯环结构在紫光区有较强的吸收，其吸收波峰在 260 nm。在波长为 260 nm 时，1OD 值相当于双链 DNA 的浓度为 50 μg/mL。因此，可根据吸收波长 260 nm 的 DNA 溶液 OD 值计算出 DNA 的浓度。同时，蛋白质的吸收峰在 280 nm。根据经验，一份纯净的 DNA 溶液的 OD_{260}/OD_{280} 约为 1.8~2.0。若高于此比值，说明提取的 DNA 溶液中 RNA 未消除干净，而低于此比值说明 DNA 溶液中有大量蛋白质或酚类物质。

三、主要仪器及试材

金属浴或水浴锅、涡旋振荡器、高速冷冻离心机、通风橱、冰箱、天平、灭菌锅、电泳仪、紫外检测仪、NanoDrop-2000 微量分光光度计；电泳槽、电泳板子及梳子、微量移液器、研钵、研磨棒、无酶离心管、无酶枪头、一次性手套、口罩；植物组织，如根、茎段、叶片、叶柄、花或果实等；2% 的 CTAB 提取液(配方见表 6-1)、75% 乙醇、无水乙醇、三氯甲烷(氯仿)、异戊醇、DEPC H_2O、β-巯基乙醇、氯化锂溶液、液氮、溴酚蓝、核酸染料、琼脂糖、1×TAE 电泳缓冲液、DNA Marker。

四、实验方法与步骤

1. DNA 提取

本方法使用 2% CTAB 法提取杨树幼嫩叶片 DNA。具体步骤如下：

①磨样前的准备　按照表 6-1 配制 2% 的 CTAB 提取液。将研钵洗刷干净后，加入 1 mL 无水乙醇点火消毒。冬天需要将 2% CTAB 溶液用 60℃ 水浴锅水浴 10 min，将遇冷析出的 CTAB 溶解。

②磨样　取约 0.1~0.5 g 植物组织于研钵中，迅速加入液氮后快速将植物组织研磨为粉末状。植物组织被磨成细粉后加入 1 mL 2% CTAB 溶液，再次研磨，将植物组织研磨成匀浆状(无大组织漂浮于表面)，将匀浆状液体转移至 2 mL 的离心管中。

③水浴　将上述样品放 65℃ 金属浴 40 min，其间每隔 10 min 轻轻上下颠倒混匀；

④室温下，以 10 000 r/min 转速离心 15 min，小心地将上清液转移至新的 2 mL 离心管中。

⑤在上一步得到的上清液中加入等体积氯仿：异戊醇(24∶1)溶液，轻轻

上下颠倒混匀 6~8 次，室温下静置 10 min。

⑥室温下，10 000 r/min 离心 15 min，将上层液体(约 600 μL)转移至另一新的 1.5 mL 离心管中。

⑦在上一步中得到的液体中加入 2 倍体积的在 -20℃ 预冷的无水乙醇，于 -20℃ 下沉淀 1 h。

⑧待 DNA 成团后，用 1 mL 吸头将 DNA 挑至另一 1.5 mL 离心管中，放超净工作台内吹干多余无水乙醇。若无明显团状 DNA 或者挑不出来，则于 12 000 r/min 离心 1 min，再用移液枪吸尽乙醇，加入 30~50 μL ddH$_2$O 轻轻吹打，于 4℃ 过夜充分溶解后使用。

表 6-1 2% CTAB DNA 提取溶液配比

组分	用量(1 L)
CTAB	20 g
1mol/L Tris-HCl, pH=8.0	100 mmol
0.5mol/L EDTA, pH=7.0	20 mmol
NaCl	82 g
ddH$_2$O	定容至 1 L

注：将以上组分混合后于 95℃ 水浴锅中水浴至全部溶解。

2. DNA 质量检测

①制作一块琼脂糖浓度为 1% 的凝胶。在制作凝胶时需加入相应量(1~2 μL)的核酸染料。

②取 2 μL 样品与 0.25%(W/V)溴酚蓝混合后进行 1% 琼脂糖凝胶电泳。

③在凝胶成像系统上进行拍照检测。

④取 1 μL DNA 溶液于 NanoDrop-2000 仪器上进行 DNA 纯度和浓度检测。该仪器在 DNA 浓度测定模式下会读出相应样本的 DNA 浓度和 OD$_{260}$/OD$_{280}$。

五、实验注意事项

(1)在进行样本 DNA 提取时，所选择的植物材料要幼嫩。因为幼嫩的植物材料还处于有丝分裂的旺盛时期，其细胞核中的 DNA 含量较多。同时，幼嫩的植物组织一般多糖、多酚含量较低，易于提取高纯度 DNA。

(2)在进行样本研磨时，应尽量研磨彻底，将细胞壁彻底破碎，以利于 DNA 能从细胞中充分释放出来。

(3)长片段的 DNA 容易断裂，但在 DNA 提取时需要获得尽量长的 DNA 片段,因此,在提取 DNA 的各个环节均应该轻柔操作。

(4) DNA 提取完成后,根据 DNA 的用途,选择使用或不使用 RNase 消除 DNA 中的 RNA 杂质。一般用于简单的 PCR 扩增反应,可以不消除 RNA。但如果对 DNA 样本纯度要求高,则应对 RNA 杂质进行消除。使用 RNase 时,应按照相关说明书严格限制用量,并及时消除 RNase 的活性。

(5) DNA 提取完成后,所获得的 DNA 溶解液应尽快在 -20℃ 下保存。同时,应该避免对 DNA 溶液的反复冻融。如果要多次使用 DNA 样本,应在提取后第一次使用时将 DNA 溶液进行分装。

六、思考题

(1) 提取 DNA 的样品除鲜活组织外,还有其他哪些类型的样本?这些样本的提取方案是否一致?

(2) 为何要对提取的 DNA 进行质量检测?

(3) 如果提取的 DNA 中蛋白质污染物过多,有哪些补救方案?如果 RNA 杂质多,除添加 RNase 以外,还有哪些处理方案?

实验 7　林木 RNA 的提取

一、实验目的

了解林木 RNA 提取的原理和操作方法,掌握开展 RNA 完整性、浓度、纯度等质量指标检测的多种方法。

二、实验原理

核糖核酸(RNA)是存在于生物细胞以及部分病毒、类病毒中的遗传信息载体,是由核糖核苷酸经磷酸二酯键缩合而成的长链状分子。RNA 是以 DNA 的一条链为模板,以碱基互补配对原则,转录而形成的一条单链,主要功能是将遗传信息表达为蛋白质,是遗传信息向表型转化过程中的桥梁。在此过程中,转运 RNA(tRNA)携带与三联体密码子对应的氨基酸残基与正在进行翻译的信使 RNA(mRNA)结合,而后核糖体 RNA(rRNA)将各个氨基酸残基通过肽键连接成肽链进而构成蛋白质分子。在 Northern 杂交、mRNA 纯化、体外翻译、cDNA 文库的构建、RT-PCR 及 mRNA 差异表达分析等各种分子生物学实验中都需要高质量的 RNA,因此,RNA 的提取具有重要的应用价值。

1. RNA 提取的原理

不同组织总 RNA 提取的实质就是将细胞裂解,释放出 RNA,并通过不同方式去除蛋白质、DNA 等杂质,最终获得高纯度 RNA 产物的过程。但是 RNA 是一类极易降解的分子,要得到完整的 RNA,必须最大限度地抑制提取过程中内源性及外源性核糖核酸酶(RNase)对 RNA 的降解。RNase 是一类水解 RNA 的内切酶,它与一般作用于核酸的酶类有着显著的不同,不仅生物活性十分稳定,耐热、耐酸、耐碱,作用时不需要任何辅助因子,而且它的存在非常广泛,除细胞内含有丰富的 RNase 外,在实验环境中,如各种器皿、试剂、人的皮肤、汗液,甚至灰尘中也会有 RNase 的存在。

外源 RNase 的抑制主要是利用 DEPC(焦碳酸二乙酯,$C_6H_{10}O_5$)。DEPC 能与 RNase 分子中的必需基团组氨酸残基上的咪唑环结合而抑制酶活性,可用于水、试剂及器皿的 RNase 灭活。提取 RNA 的全过程必须在清洁无尘的环境中进行。操作人员要使用无菌的一次性手套拿取物品，尽可能避免污染。

内源 RNase 来源于材料的组织细胞，提取自始至终都应对 RNase 活性进行有效抑制。一般 RNA 提取过程中，蛋白质变性剂与 RNase 抑制剂联合使用的效果较理想。蛋白质变性剂有异硫氰酸胍（GITC）、酚、氯仿、十二烷基硫酸钠（SDS）、十二烷酰肌氨酸钠（Sarkosyl）、脱氧胆酸钠（DOC）、盐酸胍、4-氨基水杨酸钠、三异丙基萘磺酸钠等；RNase 抑制剂有 DEPC、GITC、RNase 的蛋白质抑制剂（RNasin）、SDS、尿素、硅藻土等。

细胞内 RNA 主要以核蛋白体形式存在，因此，总 RNA 的提取首先要破碎细胞，使核蛋白体从细胞内释放，可采用使蛋白质变性的做法，即使核蛋白体解析，RNA 迅速与蛋白质分离，大量地释放到溶液中；然后用酚、氯仿等有机溶剂抽提，去除蛋白质杂质，使 RNA 进入水相；再选择性沉淀 RNA，使之与 DNA 分离；所得 RNA 须进行必要的纯化，最后用乙醇或异丙醇沉淀 RNA。

植物细胞总 RNA 的提取方法较多，没有一种固定的通用方法。一般使用的方法有 CTAB 法、Trizol 法、苯酚法、SDS 法、氯化锂沉淀法及试剂盒法等。但综合来看，分离的主要依据有如下几点：①用酚及去污剂 SDS 或 Sakosyl 等破碎细胞膜并去除蛋白质；②酚、氯仿反复抽提纯化核酸；③氯化锂选择性沉淀去除 DNA 及其他不纯物；④利用 3 mol/L 乙酸钠（pH=6.0）沉淀 RNA；⑤氯化铯密度梯度离心，去除多糖等杂质，纯化 RNA。

CTAB 法是利用十六烷基三甲基溴化铵（CTAB），一种重要的阳离子去污剂进行 RNA 提取。CTAB 有助于细胞裂解并具有从低离子强度溶液中沉淀核酸与酸性多聚糖的特性。由于溶解度差异，在高盐条件下（>0.7 mol/L NaCl），CTAB 会与多糖形成复合物沉淀，但核酸仍可溶，从而使 RNA 与多糖等物质分开；再通过有机溶剂氯仿、异戊醇抽提，去除蛋白质、多糖、多酚等杂质后，用氯化锂（LiCl）、乙醇沉淀 RNA，除去盐和杂质。所用缓冲溶液为 Tris-HCl（pH=8.0），可提供一个缓冲环境防止核酸被破坏；β-巯基乙醇可破坏 RNase 中的二硫键，为 RNase 的抑制剂；EDTA 可螯合 Mg^{2+} 或 Mn^{2+}，抑制 RNase 活性；高盐环境下，可使 CTAB 溶解细胞膜并结合核酸，利于核酸分离；聚乙烯吡咯烷酮（PVP）能与多酚形成一种不溶的络合物，也能与多糖结合，从而有效地去除多酚、多糖类物质，减少 RNA 的污染。

Trizol 试剂主要成分是苯酚，其主要作用是裂解细胞，使细胞中的蛋白质和核酸物质解聚得到释放。苯酚虽可有效地变性蛋白质，但不能完全抑制 RNase 活性，因此，Trizol 试剂中还加入了 8-羟基喹啉、异硫氰酸胍、β-巯基乙醇等来抑制内源和外源 RNase 活性。异硫氰酸胍一方面可以和 β-巯基乙醇联合作用高效抑制 RNase 的活性，防止 RNA 的降解，另一方面又可使蛋白质变性并使其溶解。DNA 等电点是 4~4.5，RNA 等电点是 2~2.5，因此，特定的酸性条件能使 DNA 和 RNA 分离，在样品中加入氯仿后离心，可分成 3 层：水样层、中间层和有机层。RNA 在水样层，可通过异丙醇来沉淀，再进一步经过乙醇洗涤氯仿、异丙醇并沉淀有机杂质。这是一种传统的 RNA 提取方法，适用于大部分动植物材料，但对于次生代谢产物较多的植物材料提取效果较差。

有些植物材料多糖、多酚含量较高（如植物果实、番茄的叶子等），有些植物木质化程度较高（如根、茎等组织），因此，试剂盒法是专门针对从富含多糖、多酚、淀粉的材料中提取纯度高、完整性好的总 RNA。一般试剂盒法是一种采用吸附材料纯化核酸的方法。目前较常见的吸附材料有硅基质吸附材料、阴离子交换树脂和磁珠等。硅基质吸附材料因其具有可特异吸附核酸、使用方便、快捷、不使用有毒溶剂（如苯酚、氯仿等）的优点，成为核酸纯化的首选。采用硅基质吸附达到 RNA 分离纯化目的的过程是：通过专一结合 RNA 的离心吸附柱和独特的缓冲液系统使样品在高盐条件下与硅胶膜特异结合，而蛋白质、有机溶剂等杂质因不能结合到膜上而被洗脱，盐类则被含有乙醇的漂洗液洗净，最后用无 RNase ddH$_2$O 将 RNA 从硅胶膜上洗脱下来。

2. RNA 质量检测原理

细胞中的 RNA 可以分为 mRNA、tRNA 和 rRNA 三大类。rRNA 占 80%~85%，tRNA 和核内小分子 RNA 占 10%~15%，mRNA 占 1%~5%。rRNA 占绝大多数，因此，我们用琼脂糖凝胶电泳后，在紫外检测仪下观察到的就是 rRNA。完整的总 RNA 样品应呈现 3 条带：28S、18S 和 5S rRNA。其中，28S rRNA 条带的亮度应该为 18S rRNA 条带的 1.5~2 倍。点样孔无亮点，说明无蛋白污染。

三、主要仪器及试材

金属浴或水浴锅、涡旋振荡器、高速冷冻离心机、通风橱、冰箱、天平、灭菌锅、电泳仪、紫外检测仪、NanoDrop-2000 微量分光光度计；电泳槽、电泳板子及梳子、微量移液器、研钵、研磨棒、无酶离心管、无酶枪头、一次性手套、口罩；植物组织，如叶片、茎段、叶柄、根或花果；CTAB 提取液（配方见表 7-1）、75%乙醇、无水乙醇、氯仿、异戊醇、DEPC 水、β-巯基乙醇、氯化锂溶液、液氮、溴酚蓝、核酸染料、琼脂糖、1×TAE 电泳缓冲液、DNA Marker。

表 7-1　CTAB 提取液配方

成分	用量(1 L)
CTAB	20 g
PVP	20 g
1 mmol/L Tris-HCl	100 mL
0.5 mmol/L EDTA	50 mL
亚精胺	0.5 g
NaCl	116.8 g
DEPC 水	定容至 1 L

四、实验方法与步骤

1. RNA 提取

（1）CTAB 法

①准备提取液　取 980 μL 2% 的 CTAB 提取液和 20 μL β-巯基乙醇，于 1.5 mL 无酶离心管混合，放到 65℃金属浴(金属浴或水浴)中预热。

②裂解样品　取 0.1~0.2 g 植物组织置于提前预冷的研钵中，加入液氮迅速研磨，成粉末状后，加入预热好的 CTAB 提取液，充分研磨成匀浆状，转入 1.5 mL 的离心管中，立即涡旋 30~60 s，再放到 65℃恒温浴中 15 min，中间偶尔颠倒 1~2 次帮助裂解，然后 10 000 r/min 离心 10 min，沉淀不能裂解的碎片。

③去蛋白质和 DNA　取离心后的上清液于新的 1.5 mL 无酶离心管中，加入等体积的 24∶1 溶液，涡旋混匀，10 000 r/min 离心 15 min，再次取上清液于另一新的 1.5 mL 无酶离心管中，加入等体积 24∶1 溶液，涡旋混匀，10 000 r/min 再次离心 15 min。

④沉淀 RNA　将上清液吸至新的 1.5 mL 无酶离心管中，加入等体积的 4 mol/L 的氯化锂溶液(或 1/3 体积的 8 mol/L 的氯化锂溶液，终浓度为 2 mol/L 即可)，4℃或-20℃过夜沉淀 RNA，沉淀时长不超过 16 h。

⑤洗涤 RNA　4℃，12 000 r/min 离心 20 min，弃上清液，然后先后用 500 μL 75%乙醇和无水乙醇洗涤沉淀，每次洗涤后，12 000 r/min 离心 5 min，弃上清液，吸干液体，在冰上晾干沉淀。

⑥溶解 RNA　向洗涤好的沉淀中加入 50 μL 的 DEPC 水，吹打溶解沉淀，静置 10 min 左右。保存于-80℃。

(2) Trizol 法

①裂解样品 取 0.1~0.2 g 植物组织置于提前预冷的研钵中,加入液氮迅速研磨,成粉末状后,加入 1 mL Trizol 试剂,充分研磨成匀浆状,转入 1.5 mL 无酶离心管中,立即涡旋 30~60 s,室温放置 5 min,然后 10 000 r/min 离心 10 min。

②去蛋白质和 DNA 取离心后的上清液于新的 1.5 mL 无酶离心管中,加入 200 μL 氯仿,涡旋混匀,静置 3 min 后,12 000 r/min 离心 15 min,样品会分成 3 层:上层为 RNA,中间层为 DNA 和蛋白质,底层为有机相。

③沉淀 RNA 取上清液(约 600 μL)于新的 1.5 mL 无酶离心管中,加入等体积的预冷的异丙醇,轻轻混匀后,放 -20℃ 沉淀 30 min(过夜沉淀更充分)。

④洗涤 RNA 4℃,12 000 r/min 离心 15 min,弃上清液,加 1 mL 75%乙醇,立即涡旋 1 min 后,4℃,12 000 r/min 离心 15 min,弃上清液。加 1 mL 无水乙醇,立即涡旋 1 min 后,4℃,12 000 r/min 离心 15 min,弃上清液,在冰上晾干沉淀。

⑤溶解 RNA 向洗涤好的沉淀中加入 50 μL 的 DEPC 水,吹打溶解沉淀,保存于 -80℃。

(3) 试剂盒法(艾德莱 RN5301 试剂盒,表 7-2)

表 7-2 艾德莱 RN5301 试剂盒组成、贮存条件及规格

试剂盒组成	保存	规格(50 次)
裂解液 CLB	室温	50 mL(需要加 5% β-巯基乙醇现用)
裂解液 RLT Plus	室温	25 mL
去蛋白液 RW1	室温	40 mL
漂洗液 RW	室温	10 mL(第一次使用加 42 mL 无水乙醇)
无 RNase ddH$_2$O	室温	10 mL
基因组清除柱和收集管	室温	50 套
RNase-free 吸附柱 RA 和收集管	室温	50 套

①准备提取液 取 1 mL 裂解液 CLB 和 50 μL β-巯基乙醇于 1.5 mL 无酶离心管内(如果 CLB 有析出或者沉淀需先置于 65℃ 水浴重新溶解),颠倒混匀后放置于 65℃ 金属浴中预热。

②裂解样品 取新鲜或 -80℃ 冷冻的 0.1~0.2 g 植物组织置于提前预冷的研钵中,加入液氮迅速研磨,成粉末状后,加入预热好的裂解液 CLB,充分研磨成匀浆状,转入 1.5 mL 离心管中,立即涡旋 30~60 s,再放到 65℃ 中 5~10 min,中间偶尔颠倒 1~2 次帮助裂解,然后 13 000 r/min 离心 10 min,沉淀不能裂解

的碎片。

③清除基因组 1　取裂解物上清液于无酶的新 1.5 mL 离心管中,加入 0.5 倍上清液体积的无水乙醇,立即吹打混匀。将混合物加入一个基因组清除柱中(每次小于 720 μL,多可以分两次加入),13 000 r/min 离心 2 min,弃废液。

④清除基因组 2　将基因组 DNA 清除柱放在一个无酶的新 1.5 mL 离心管内,加入 500 μL 裂解液 RLT Plus,13 000 r/min 离心 30 s,加入 0.5 倍滤液体积的无水乙醇,立即吹打混匀。将混合物加入一个吸附柱 RA 中(每次小于 720 μL,多可以分两次加入),13 000 r/min 离心 2 min,弃废液。

⑤去蛋白质　加入 700 μL 去蛋白液 RW1,室温放置 1 min,13 000 r/min 离心 30 s,弃废液。

⑥洗涤 RNA　向吸附柱 RA 中加入 500 μL 漂洗液 RW(请先检查是否已加入无水乙醇),13 000 r/min 离心 30 s,弃废液。再加入 500 μL 漂洗液 RW,重复一遍。将吸附柱 RA 放回空收集管中,13 000 r/min 离心 2 min,弃废液,尽量除去漂洗液,以免残留的乙醇影响下游反应。

⑦洗脱 RNA　取出吸附柱 RA,放入一个无酶的新 1.5 mL 离心管中,根据预期 RNA 产量在吸附膜中间加 30~50 μL 无 RNase ddH$_2$O(提前在 70~90℃中预热可提高产量),室温放置 1 min,12 000 r/min 离心 1 min。将洗脱液加回到吸附柱中重复一遍可提高提取浓度。

2. RNA 检测

(1)琼脂糖凝胶电泳分析完整性

称取 0.2 g 琼脂糖,加入 20 mL 1×TAE 电泳缓冲液,加热溶解后,加入 2 μL 核酸染料,混匀后倒入制胶模具,室温凝固,制成 1% 琼脂糖凝胶。取 2 μL RNA 样品和 3 μL 溴酚蓝混匀,点入凝胶点样孔中,向水平电泳仪中加 1×TAE 电泳缓冲液至液面覆盖凝胶,在电压 180 V 条件下电泳 15 min,在紫外检测仪上观察 RNA 电泳结果(图 7-1),验证 RNA 提取是否成功并检验其质量。

(2)RNA 纯度和浓度的测定

RNA 纯度会很大程度地影响反转录实验,如 RNA 纯化过程中混入的盐、金属离子、乙醇、苯酚等均是常见的反转录酶抑制剂。此外,植物组织中的多糖、多酚和腐殖酸等也会对反转录酶有抑制作用。

RNA 纯度和浓度的测定,通常会选用 NanoDrop-2000 进行测定(图 7-2)。溶液在 260 nm、230 nm、280 nm 波长下的吸光度分别代表了核酸、杂质和蛋白质等有机物的吸收值,通过 OD_{260}/OD_{280} 来检测 RNA 纯度,以 OD_{260}/OD_{230} 作为参考值。纯的 RNA OD_{260}/OD_{280} 比值是 2.0,蛋白残留越少,这个比值就会越

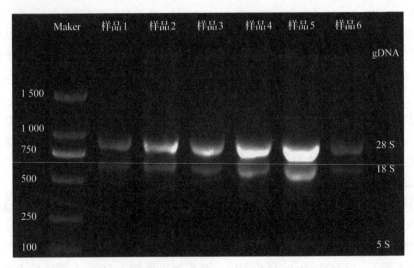

图 7-1 杨树叶片总 RNA 的 1% 琼脂糖凝胶电泳

高,但是比值太高了(如超过 2.3),则可能提示有部分降解。但是在不降解的情况下,比值越高越好,说明波长 280 nm 处吸光值越小,蛋白残留越少。

$1.8<OD_{260}/OD_{280}<2.2$ 时可认为 RNA 的纯度较好;$OD_{260}/OD_{280}<1.8$ 时表明有蛋白质或酚污染,可增加酚抽提;$OD_{260}/OD_{280}>2.2$ 时表明 RNA 已经降解。通常 OD_{260}/OD_{230} 应大于 2.0,若用 TE 溶解或洗脱 RNA,会使 OD_{260}/OD_{280} 值偏大;$OD_{260}/OD_{230}<2.0$ 时表明有异硫氰酸胍和 β-巯基乙醇或乙醇的残留,可再次进行沉淀,重复乙醇洗涤。

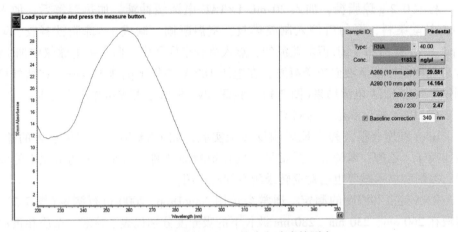

图 7-2 杨树总 RNA 纯度和浓度的测定

五、实验注意事项

(1) RNA 易降解，因此，所有加样枪头以及离心管均应该选择无 RNase 的产品，并且操作时要勤换一次性手套、佩戴口罩、少交谈。

(2) 磨样前应清洗研钵和研磨棒，晾干或擦干后须用无水乙醇灼烧，然后用液氮预冷，同时准备好 65℃ 金属浴或水浴锅。

(3) 在研磨过程中，应不断添加液氮，使植物组织保持冰冻状态。

(4) 24∶1 溶液和 β-巯基乙醇等有毒试剂使用时应在通风橱进行。

(5) 2% CTAB 提取液和氯化锂溶液须灭菌后使用，若 CTAB 有析出或沉淀则须加热重新溶解。

(6) 去蛋白时取上清液要避免戳破蛋白层和吸到下层液体。

(7) 洗涤沉淀 RNA 前，离心机要调到 4℃ 空转降温。

(8) RNA 电泳前须将电泳槽内的 TAE 溶液换新，避免 RNA 污染和降解。

六、思考题

(1) 为什么要将研磨液放到 65℃ 金属浴中？

(2) 氯仿和异戊醇的作用是什么？加入氯仿后分 3 层，分别含有什么？

(3) 为什么上清液不含 DNA？

(4) 为什么电泳后在紫外检测仪下只能观测到 rRNA？

(5) $OD_{260}/OD_{280}>2.0$ 说明什么？$OD_{260}/OD_{280}<1.8$ 说明什么？

(6) RNA 提取成功的关键是不是内源和外源 RNase 得到有效抑制，为什么？

实验 8 RNA 的反转录

一、实验目的

掌握林木、花卉 RNA 反转录的原理和操作方法。了解 cDNA 的相关特性。

二、实验原理

RNA 反转录是以提取 RNA 为模板，通过反转录酶，人工合成出互补的 cDNA 的过程，是 DNA 生物合成的一种特殊方法。获得的 cDNA 可用来进行基因表达的相对定量检测、目标基因的克隆扩增和 cDNA 文库的构建等。看似简单的反转录实验，也会受到多种因素的影响，如模板、引物、酶以及反应条件等。

RNA 由于自身序列折叠，具有复杂的二级结构：配对的双链 RNA 呈螺旋、发卡环、突环、内环、多分支环等结构。配对碱基不同，其配对的稳定性也不同，如 G 与 C 的配对为三对氢键，最为稳定；A 与 U 的配对为两对氢键相互作用；G 与 U 的配对为一对氢键相互作用，最不稳定。故对 RNA 模板来讲，GC 碱基对含量越高，二级结构越为复杂。

RNA 的反转录是通过以植物总 RNA 中的 mRNA 为模板，采用特异性引物、Oligo(dT) 或随机引物，在反转录酶(reverse transcriptase)的作用下来反转录成 cDNA 的。其中，因 mRNA 一般具有 3′polyA 结构，所以 Oligo(dT) 可以与 mRNA 的 PolyA 尾发生特异性结合，从而启动 cDNA 的反转录。反转录 3 种不同类型的引物具体工作原理如图 8-1~图 8-3 所示。

三、主要仪器及试材

金属浴或水浴锅、涡旋振荡器、高速冷冻离心机、通风橱、冰箱；微量移液器、无酶离心管、无酶枪头、一次性手套、口罩。高质量植物总 RNA；CTAB 提取液(配方见表 7-1)、75%乙醇、无水乙醇、氯仿、异戊醇、DEPC 水、β-巯基乙醇、氯化锂溶液、液氮、溴酚蓝、核酸染料、琼脂糖、1×TAE 电泳缓冲液、

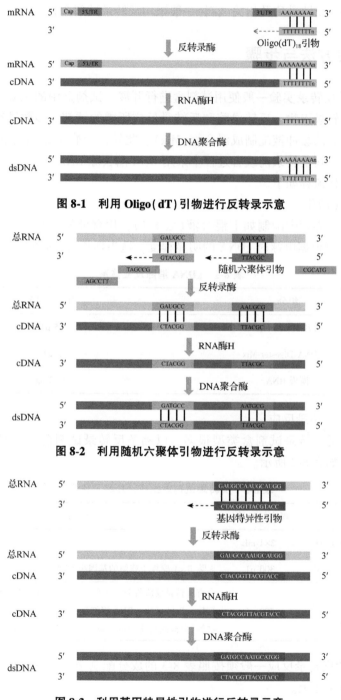

图 8-1 利用 Oligo(dT) 引物进行反转录示意

图 8-2 利用随机六聚体引物进行反转录示意

图 8-3 利用基因特异性引物进行反转录示意

DNA Marker；反转录酶及相关试剂(一般采用反转录试剂盒)。

四、实验方法与步骤

RNA 的反转录实验一般使用试剂盒进行开展。试剂盒中的主要成分包括不同类型的反转录引物、反转录酶和反转录反应所需的试剂。多数试剂盒会将反转录酶和相关的缓冲液配制成混合物(Mix)。此外，为消除 RNA 中的微量 DNA 污染，一般应在反转录前或者过程中采用 DNA 酶去除 DNA。

具体操作流程如下。

1. gDNA 消化

在无酶离心管中配制如下混合液(表 8-1)，用移液器轻轻吹打混匀。42℃ 孵育 2 min(可根据电泳时 gDNA 的明显程度，适当延长孵育时间)。

表 8-1　gDNA 消除反应体系

组分	用量(1 L)
无 RNase ddH$_2$O	15 μL
5×gDNA Digester Mix	3 μL
模板 RNA	1~2 ng

2. RNA 反转录反应

商业化的反转录试剂盒类型很多。以翊圣反转录试剂盒 11141ES10 为例，其主要成分如表 8-2 所示。

表 8-2　反转录试剂盒组成、规格及作用

组分	规格(100 次)	作用
无 RNase ddH$_2$O	2×1 mL	
5×gDNA Digester Mix	300 μL	去除 RNA 模板中残留的基因组 DNA 污染
4×Hifair$^©$ Ⅲ Super Mix plus	500 μL	含有反转录反应所需的所有组分[缓冲液、四种游离的脱氧核苷酸、反转录酶、RNA 酶抑制剂、随机引物或 Oligo (dT)引物等]并同时终止 gDNA digester 的作用，保证 cDNA 的完整性

RNA 的反转录反应一般须按照表 8-3 的成分配制 20 μL 反应体系。所有操作均应该置于冰上。

表 8-3 反转录反应体系配制（20 μL 体系）

组分	用量
上一步的反应液	15 μL
4×HifairⅢ Super Buffer	5 μL

配制好反应液后，按照表 8-4 所示的反应程序在 PCR 仪或者具有温度和时间设置功能的金属浴中进行。

表 8-4 RNA 反转录程序设置

温度	时间
25℃	5 min
55℃	15 min
85℃	5 min

3. 反转录产物保存

逆转录产物一般应进行分装和超低温贮存。分装前也可以进行 10 倍的稀释。在上述 20 μL 的反应物中加入 180 μL 的 ddH_2O，后分装成 4 管，于 -80℃ 保存，避免反复冻融。

五、实验注意事项

（1）RNA 的反转录是对 RNA 进行操作，合成的 cDNA 是单链，其稳定性也较差。因此，在进行 RNA 的反转录时，所有的操作要求均与 RNA 的抽提类似。

（2）反转录反应配制及反应物的稀释，均应该使用无 RNase 和 DNase 的试剂和器具。

（3）根据 cDNA 的使用目的不同，一般采用不同的引物进行反转录。一般而言，利用随机引物进行反转录获得的 cDNA 较适合后期基因表达的检测；利用 Oligo(dT) 引物进行反转录获得的 cDNA 适合后期进行目标基因全长的扩增；利用基因特异性的引物进行反转录获得的 cDNA 可用于比较难扩增的目标基因的全长克隆。

（4）反转录获得的 cDNA 在后期使用时，一定要避免反复冻融，避免单链 cDNA 的降解。

（5）对总 RNA 中 gDNA 的消除尤为重要。如果 gDNA 消除不干净，残余的 gDNA 与后期合成的 cDNA 混合，将会对后期的基因扩增或表达分析结果造成非常大的干扰。

(6)在消除 gDNA 后,应该将 DNase 完全失活。否则残余的 DNase 会将新合成的 cDNA 消除掉,严重降低 cDNA 的浓度和存储时间。

(7)RNA 反转录前要先测 RNA 浓度和纯度(高质量的 RNA 的 OD_{260}/OD_{280} 为 1.8~2.2)。

(8)5×gDNA Digester Mix 和 4×Hifair© Ⅲ Super Mix plus 含有高浓度的甘油,使用前请短暂离心收集到反应管底部,并用移液器轻轻吸打以充分混匀后,准确吸取。

(9)反转录温度推荐使用 55℃,对于高 GC 含量模板或者复杂模板,可将反转录温度提高到 60℃。

(10)若后续进行 qPCR,推荐反转录时间为 15 min;若后续用于 PCR 时,推荐反转录时间 30~60 min。

(11)反转录产物可立即用于 qPCR 反应,也可-20℃短期保存,若须长期保存,建议分装后,于-80℃保存,避免反复冻融。

(12)实验过程中避免 RNA 和 cDNA 在室温下时间过长和反复冻融。

六、思考题

(1)RNA 反转录获得的 cDNA 是单链还是双链?如何获得双链的 cDNA?

(2)为什么在 RNA 的反转录中消除 gDNA 非常重要?

(3)如果在 RNA 的反转录中 gDNA 消除得不干净,可能会造成哪些影响?

(4)如何检测反转录的 cDNA 是否合格?

(5)用于后期表达量检测的反转录反应,是否须控制 RNA 的使用量?

实验 9　目标基因表达载体构建

一、实验目的

理解和掌握林木花卉转基因工程研究中目标基因表达载体构建工作的操作原理与具体步骤。

二、实验原理

目标基因表达载体构建即指将外源 DNA 片段插入到载体 DNA 序列中的过程。

植物基因工程中，人们需要将具有特定功能的目标基因 DNA 分子转运到植物体内，使其能够正常复制和转录、发挥功能（翻译蛋白）并稳定表达出某种或某些特殊性状，需要借助一种可携带目的基因进入受体细胞的工具来实现，即载体（vector）。目前，实验室内最理想的载体是细菌体内的环状质粒（plasmid）（图 9-1），通常分为克隆载体和表达载体两大类。克隆载体是将目标基因导入寄主细胞进行复制，从而获得大量目标基因片段的运载工具；表达载体则是在克隆载体基本骨架的基础上增加表达元件，从而使目标基因得以表达的载体。实验室现有的载体资源能满足大部分实验要求，但有时为了更便于重组载体的检测与验证，研究使用的载体会先经过人为改造，包括已有载体多克

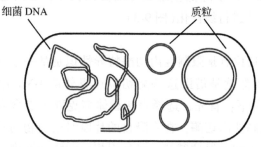

图 9-1　细菌内环状质粒示意

隆位点的改造和已有载体启动子(promoter)、增强子(enhancer)、筛选标记等功能元件的改造。

基因表达载体种类繁多,通常集多种特征于一体,如能够独立自我复制、含有多个单一限制性酶切位点、具有复制起始位点和选择标记基因等(图9-2)。基因表达载体按用途可分为以下几种:基因超表达载体、RNA干涉载体、启动子验证载体、融合蛋白载体、基因敲除载体等,可根据研究目的选取适合的载体质粒。

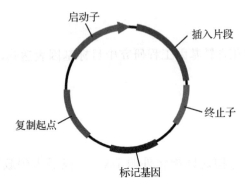

图 9-2　表达载体示意

基因表达载体的构建方法有很多,常用的有同源重组法、酶切连接法和Gateway技术3种。

1. 同源重组法

同源重组法指的是在克隆目的基因片段时,通过聚合酶链式反应(PCR)在目的片段的5′端衔接一段酶切位点及该酶切位点在载体上对应前面的15~20 bp的序列,在3′端衔接一段酶切位点及该酶切位点在载体上对应后面的15~20 bp的序列,然后利用重组酶将两端分别带有一小段载体序列的目的片段与载体重组成环状质粒的过程。为了降低重组载体的假阳性率,有时也会采用酶切或PCR扩增的方法对载体进行线性化(图9-3)。

2. 酶切连接法

限制性内切酶酶切位点是限制性内切酶特异性识别某一序列并进行剪切的位点,酶切连接法通常就是借助这些酶切位点将外源DNA片段插入质粒中(图9-4)。实现途径如下:首先,选择表达载体多克隆位点含有,但目标基因不含有酶切位点的限制性内切酶,在克隆目的片段时给引物两端设计好酶切位点,并在各个酶的两边加上保护碱基;然后用相应的限制性内切酶分别对载体及目的片段进行单酶切或双酶切形成平末端或黏性末端(多用双酶切形成黏性末

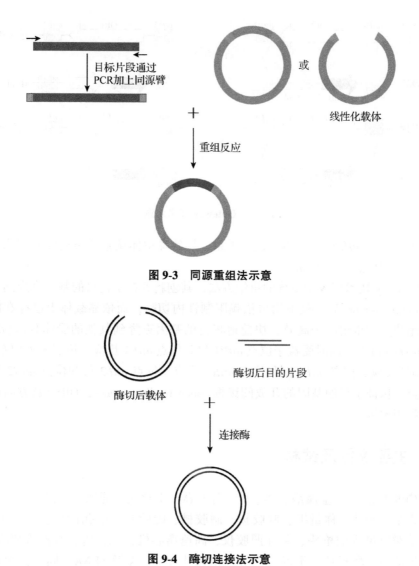

图 9-3 同源重组法示意

图 9-4 酶切连接法示意

端),相同的末端按照碱基互补配对原则在 DNA 连接酶的作用下即可形成重组载体。

3. Gateway 技术

Gateway 技术是由 Invitrogen 公司开发的,借由 λ 噬菌体感染细菌时发生的整合、切割重组反应所启发的一种克隆操作平台,由 BP 反应和 LR 反应两部分组成(图 9-5)。在体内,噬菌体和细菌上的位点 *attP* 和 *attB* 发生特异重组反应,噬菌体整合到细菌基因组上,并形成 2 个新的重组位点 *attL* 和 *attR*。在特定的

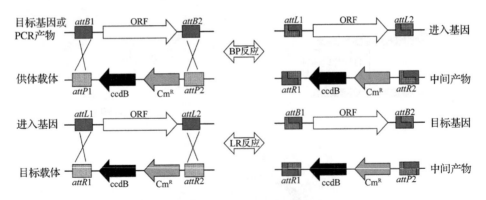

图 9-5 Gateway 技术示意

条件下，位点 attL 和 attR 也能进行重组，导致噬菌体从细菌染色体上切除，重新产生新的位点 attP 和 attB。

Gateway 技术相较于传统的重组方法，其创新点在于把目的基因克隆到入门载体(entry vector)后，就不用再依赖限制性内切酶，而依靠载体上已存在的定向重组位点和重组酶来高效、快速地将目的基因克隆到其他的受体载体(destination vector)上，同时受益于位点 attB1 仅和位点 attP1 反应、位点 attB2 仅和位点 attP2 反应、位点 attL1 仅和位点 attR1 反应、位点 attL2 仅和位点 attR2 反应的特点，保证了目的基因的开放阅读框(open reading frames，ORF)及方向在操作过程中不被改变。

三、主要仪器及试材

梯度 PCR 仪、金属浴、移液枪、计时器、电泳仪、通风橱、微波炉、万分之一天平、药匙、称量纸、制胶板、制胶槽、配胶盒、小孔齿梳、大孔齿梳、移液枪对应量程的枪头、紫外照胶仪、高速离心机、八连管、八连管离心机、涡旋振荡器、酶标仪、手术刀片等；杨树叶片 cDNA 及 gDNA、同源重组试剂盒、BP 反应试剂盒、LR 反应试剂盒、高保真 PCR Mix、无菌 ddH$_2$O、载体质粒、DNA Marker、胶回收试剂盒、限制性内切酶、1× TAE 缓冲液、缓冲液 DP、琼脂糖、核酸染料、矿物油等。

四、实验方法与步骤

1. 设计引物

根据目标基因的编号在毛果杨参考基因组文件中找到并复制其序列信息，

利用 Vector NTI 或 Primer3 软件设计目的片段带接头的特异性引物送公司合成。此处主要讲解利用同源重组法构建 pCAMBIA2301 超表达载体和利用 Gateway 技术构建 pKGWFS7 启动子表达载体，二者需要分别对目标基因的蛋白质编码区(coding sequence, CDS)和目标基因的启动子进行操作。

设计 CDS 引物需要在上、下游引物的两端加 *KpnI* 接头，以下列方式合成 PCR 引物：上游引物为 GAGCTTTCGCGAGCTCGGTACC+基因特异性序列(18~20 bp)，下游引物为 CTCTAGAGGATCCCCGGGTACC+基因特异性序列(18~20 bp)。

设计 promoter 引物时需要在上、下游引物的两端加 *attB* 接头，以下列方式合成 PCR 引物：上游引物为 GGGGACAAGTTTGTACAAAAAAGCAGGCT+基因特异性序列(18~20 bp)，下游引物为 GGGGACCACTTTGTACAAGAAAGCTGGGT+基因特异性序列(18~20 bp)。

注意引物方向必须是 5′→3′，因此，在设计下游引物时特异序列应反向互补。

特异性序列选择通常需要注意以下几点：
①引物长度一般为 18~25 bp，常为 20 bp，最长不超过 35 bp。
②引物自身或之间不能有连续 4 个碱基互补。
③鸟嘌呤和胞嘧啶的总含量(G+C)控制在 45%~60%最佳。
④3′端避开密码子第三位，降低简并性带来的影响。
⑤5′端不要以 G 开头。
⑥模板 T_m 值比引物 T_m 值至少高 5℃。
⑦引物之间 T_m 值相差不超过 10℃。

2. PCR 扩增目的基因

利用杨树叶片 cDNA(针对 CDS)或 gDNA(针对 promoter)作为模板在梯度 PCR 仪上扩增目标片段。

20 μL 的 PCR 扩增体系须先加入 6 μL 的无菌 ddH_2O 到八连管中，然后加入上、下游引物各 1 μL，模板 2 μL，最后加入 10 μL 的高保真 PCR Mix。将反应体系低速离心后用移液枪吹打混匀，并滴一滴矿物油以减少反应过程中的蒸发。参考表 9-1 所列 PCR 的程序设置。

3. 琼脂糖凝胶电泳

距离 PCR 程序结束还有 10 min 时开始制胶，须用到的电泳产品如图 9-6 所示。先将制胶槽放到制胶板上，插上小孔齿梳，打开通风橱，把制胶板放进去。然后在制胶盒或锥形瓶内加入 20 mL 的 1× TAE 缓冲液和 0.2 g 的琼脂糖，于微波炉内加热至琼脂糖完全溶解，取出琼脂糖胶液加入 2 μL 的核酸染料，摇匀倒

表 9-1　目的片段 PCR 扩增程序

温度	时间	
95℃	5 min	
95℃	30 s	
55℃	30 s	35x
72℃	时间由片段长度确定，速率为 1 kb/min	
72℃	5 min	
12℃	保存至拿出反应物	

入制胶槽内冷却。大约 20 min 后轻轻地把梳子抽出，拿出制胶槽放置在通风橱的平面上，在第一个孔内点入 3 μL 的 DNA Marker，剩下的孔内依次点入 6 μL 的 PCR 扩增产物，每点一个样换一个枪头，注意加样时移液枪与胶面保持垂直、小心滴入，避免样液相互污染或者戳破胶体。

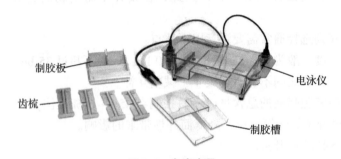

图 9-6　电泳产品

加完样后将制胶槽放进电泳仪内，确保仪器内的 1×TAE 缓冲液液面刚好没过胶面，盖上电泳仪上盖，接通电源，控制电流在 300 mA，电压在 200 V，计时器定时 15 min，当泳道内的条带跑到离凝胶底部还有 2~3 cm 时，停止跑胶并关掉电泳仪，将凝胶从制胶槽内移到紫外照胶仪上，观察 PCR 产物条带长度与目的片段长度是否一致，如果条带大小一致，送样品至公司测序。

4. 大量扩增目标基因

若测序结果显示与目的片段相符，则利用上述稀释 10 倍后的 PCR 扩增产物为模板，换用 50 μL 体系大量扩增目标基因。50 μL 的 PCR 扩增体系须先加入 15 μL 的无菌 ddH$_2$O 到八连管中，然后加入上、下游引物各 2.5 μL，PCR 扩增产物 5 μL，最后加入 25 μL 的高保真 PCR Mix。其余步骤同上。

第二次琼脂糖凝胶电泳用具与操作流程同上，但用的是大孔齿梳，胶体配方改为 45 mL 的 1×TAE 缓冲液和 0.45 g 的琼脂糖，加入 4.5 μL 的核酸染料，加样时第一个孔内点入 5 μL 的 DNA Marker，剩下的孔依次点入 50 μL 的 PCR 扩增产物。

5. 切胶回收

①第二次电泳分离 DNA 片段后，把凝胶放置于紫外照胶仪下，快速切下含目的片段的凝胶，并尽量去除多余的凝胶。

②称取凝胶块的重量，转移至 2.0 mL 离心管中，按照 100 mg 凝胶块相当于 100 μL 体积计算，加入 1~3 倍体积的缓冲液 GDP。回收>5 kb 的片段时，加入 2 倍体积的缓冲液 GDP 和 1 倍体积的异丙醇。55℃金属浴 10~15 min，让凝胶块完全溶解。金属浴期间颠倒混匀几次加速溶胶。

③短暂离心收集管壁上的液滴。将微型柱套在配套的 2 mL 离心管中，把≤700 μL 溶胶液转移至微型柱中。12 000 r/min 离心 1 min。

④若溶胶液超过 700 μL 则倒弃滤液，把微型柱重新套回 2 mL 离心管中。把剩余的溶胶液继续转移至微型柱中。12 000 r/min 离心 1 min。

⑤倒弃滤液，把微型柱套回 2 mL 离心管中。加入 300 μL 缓冲液 GDP 至微型柱中。静置 1 min。12 000 r/min 离心 1 min。

⑥倒弃滤液，把微型柱套回 2 mL 离心管中。加入 600 μL 缓冲液 DW2（已用无水乙醇稀释）至微型柱中。12 000 r/min 离心 1 min（重复一次）。

⑦倒弃滤液，把微型柱套回 2 mL 离心管中。12 000 r/min 离心 2 min。

⑧把微型柱套在 1.5 mL 离心管中，加入 15~30 μL 溶解缓冲液至微型柱膜中央。放置 2 min。12 000 r/min 离心 1 min。

⑨吸取第一次的洗脱液加回微型柱膜中央，12 000 r/min 离心 1 min。丢掉微型柱，把 DNA 保存于-20℃。

⑩跑胶验证胶回收结果。

6. 酶切使载体线性化（Gateway 技术无此步骤）

用于线性化的载体应该是没有其他基因插入的"空白"载体，本实验所用的载体为 pCAMBIA2301，含有单个的 *KpnI* 酶切位点，因此，选用 *KpnI* 限制性内切酶进行酶切，酶切载体反应体系配制方法如表 9-2 所列。

表 9-2　酶切载体反应体系配制方法

试剂	用量
10×NEB Buffer	5 μL
pCAMBIA2301 质粒	1 μg
KpnI	1 μL
ddH$_2$O	定容至 50 μL

依次加入以上组分后置于 37℃ 培养箱反应 10~12 h。加入 5 μL 的 DNA 上样缓冲液终止反应，并用大孔齿梳制胶板制胶电泳。电泳后应分离出一条 12 kb 大小的条带，切下并纯化回收目的条带。

7. 线性化载体纯化回收（Gateway 技术无此步骤）

①短暂离心酶促反应产物，加入适量体积的缓冲液 DP，涡旋混匀 10 s。

回收>100 bp 片段后加入 3 倍体积缓冲液 DP；回收<100 bp 片段后加入 3 倍体积缓冲液 DP 和 1 倍体积的异丙醇。

②短暂离心收集管壁上的液滴，将微型柱套在收集管中，把混合液转移到微型柱中。10 000 r/min 离心 1 min。

③混合液>700 μL 时，倒弃滤液，把微型柱重新套回收集管，剩余溶液继续转入微型柱。10 000 r/min 离心 1 min。

④倒弃滤液，把微型柱套回收集管，加入 500 μL 缓冲液 DW2（已用无水乙醇稀释）至微型柱中。10 000 r/min 离心 1 min（重复一次）。

⑤倒弃滤液，把微型柱套回收集管。10 000 r/min 离心 2 min。

⑥把微型柱套在 1.5 mL 离心管中，加入 10~30 μL 溶解缓冲液至微型柱膜中央，静置 1 min。10 000 r/min 离心 1 min。

⑦吸取第一次的洗脱液加回微型柱膜中央，10 000 r/min 离心 1 min。丢掉微型柱，把 DNA 保存于-20℃。

8. 目的片段与载体质粒的重组

（1）同源重组法

①测定目的片段与载体的浓度并计算最适使用量。

$$载体最适使用量=[0.02×载体长度]ng$$
$$片段最适使用量=[0.04×片段长度]ng$$

当目的片段长度大于载体长度时，二者的最适使用量计算方法互换；线性化载体的使用量应在 50~200 ng，目的片段使用量应在 10~200 ng。计算量超出范围时，直接选择最低或最高使用量。

②根据公式计算重组反应所需的 DNA 量。为了确保加样的准确性，在配制重组反应体系前可将线性化载体与插入目标基因片段做适当稀释，各组分加样量不少于 1 μL。

③于冰上按表 9-3 配制反应体系（20 μL）。

表 9-3 同源重组反应体系

试剂	用量
线性化载体	X μL
插入片段	Y μL
5×CE Ⅱ Buffer	4 μL
Exnase Ⅱ	2 μL
ddH$_2$O	定容至 20 μL

④短暂离心将反应液收集至管底，使用移液枪轻轻吹打混匀（请勿振荡混匀）。

⑤37℃反应 30 min，再降至 4℃或立即置于冰上冷却。该步骤推荐在 PCR 仪等温控比较精确的仪器上进行。重组反应效率在 30 min 左右达到最高，时间不足或太长都会降低重组效率。

⑥重组产物可以在-20℃存放 7 d，需要转化时解冻即可。

（2）Gateway 技术

①室温下按表 9-4 配制 BP 反应体系。

表 9-4 BP 反应体系

试剂	用量
入门载体	1 μL
目的片段	3 μL
BP ClonaseTM Ⅱ Enzyme Mix	1 μL

②短暂涡旋使组分充分混合。室温反应 30~60 min 后，加入 1 μL 蛋白酶 K 在 37℃继续孵育 10 min 终止反应并冷却至室温。

③室温下按表 9-5 配制 LR 反应体系。

表 9-5 LR 反应体系

试剂	用量
目的载体	1 μL
入门载体	3 μL
LR ClonaseTM Ⅱ Enzyme Mix	1 μL

④短暂涡旋使组分充分混合。室温反应 30~60 min 后，加入 1 μL 蛋白酶 K

在 37℃ 继续孵育 10 min 终止反应。

⑤重组产物可以在 -20℃ 存放 7 d，需要转化时解冻即可。

五、实验注意事项

(1) 引物设计时须遵守设计原则，否则会降低克隆效率及成功率。

(2) 引物添加接头时应根据重组方法选择合适的接头，这是决定载体构建成功与否的关键。

(3) 纯化回收的片段和线性化质粒应保存于 -20℃，避免反复冻融。

(4) 进行重组反应前应测定纯化回收的目的基因和载体的浓度，并按照说明书依次加入各组分，最后充分混匀反应液。

(5) 重组反应结束后应立即转化大肠杆菌或保存于 -20℃，不可在常温下长时间放置。

(6) 内切酶拿出后要立即置于冰上，酶切反应时内切酶应最后加入，此前其余组分需低速离心至管底并吹打混匀。

(7) 本实验须全程佩戴好实验室专用丁腈手套以及一次性防护口罩。

六、思考题

(1) 构建基因表达载体的意义是什么？

(2) 同源重组和酶切连接的优缺点分别是什么？请比较。

(3) 设计引物时为什么要在目的基因两端添加不同的接头序列？

实验 10　大肠杆菌转化及培养

一、实验目的

了解在实验室内进行大肠杆菌转化及培养的原理，掌握两种常用的大肠杆菌转化方法。

二、实验原理

大肠杆菌（*Escherichia coli*），又称大肠埃希氏菌，是目前应用最广泛的外源基因表达宿主之一。大肠杆菌繁殖系数大，繁殖速度快，在适宜的条件下繁殖一代只需要 20 min，而常用质粒在大肠杆菌中可以达到几百个拷贝，因此，通过对转化成功的大肠杆菌培养，可以在短时间内获得大量的目的质粒。

细菌转化是自然界中本就存在的一种生物现象，指细菌在某种特殊的生理状态下自发地摄入外源 DNA，然后在体内大量克隆该 DNA 的现象。大肠杆菌转化就是指大肠杆菌感受态细胞摄入外源 DNA，从而获得一种新的遗传性状的过程。大肠杆菌感受态细胞的本质就是细菌细胞。经过氯化钙处理后的大肠杆菌细胞，其细胞膜通透性改变，膜表面的间隙增大，能容许携带有目的片段的重组载体（质粒）通过。

现行最常用的大肠杆菌转化方法主要有热激转化法和电转化法。

1. **热激转化法**

感受态细胞在 0℃，氯化钙的低渗溶液中，细菌细胞膨胀成球形，Ca^{2+} 使细胞膜磷脂双分子层形成液晶结构，促使细胞外膜与内膜间隙中的部分核酸酶解离，Ca^{2+} 与外源质粒 DNA 形成抗 DNase 的羟基-钙磷酸复合物，并黏附于细胞表面，经 42℃ 短时间热休克处理，促使感受态细胞迅速收缩，继而吸收 DNA 复合物，完成转化（图 10-1）。

2. **电转化法**

使用低盐缓冲液或水洗制备的感受态细胞，通过高压脉冲的作用扰乱细胞膜的磷脂双分子结构，导致其形成临时的通道孔，从而使质粒 DNA 以类似于电

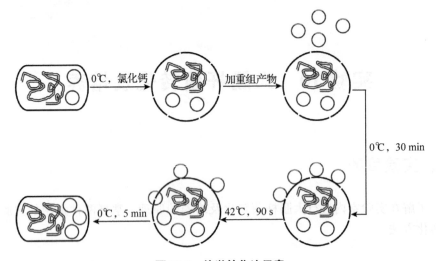

图 10-1　热激转化法示意

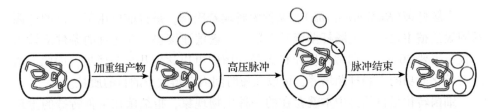

图 10-2　电转化法示意

泳的方式穿过通道孔,进入细胞内部(图 10-2)。

三、主要仪器及试材

移液枪、枪头、超净工作台、立式高压灭菌锅、摇床、制冰机、高速离心机、恒温箱、电转化仪(图 10-3)、电极杯、紫外分光光度仪、超低温冰箱、一次性塑料培养皿、金属浴(图 10-4)、分析天平、无菌 EP 管、无菌离心管、无菌 ddH_2O、无菌 10%甘油、锥形瓶;酵母抽提物(YE)、蛋白胨、氯化钠、琼脂、大肠杆菌感受态细胞(DH5α,可直接购买)。

图 10-3　电转化仪　　　　　图 10-4　金属浴

四、实验方法与步骤

1. LB 液体培养基的配制

LB 液体培养基配方（500 mL 体系）如下：称取 2.5 g YE，5 g 蛋白胨，5 g 氯化钠于锥形瓶中，加入蒸馏水定容至 500 mL。高温高压 121℃，灭菌 20 min。冷却后贴好标签纸保存于 4℃冰箱备用。

2. LB 固体培养基的配制及分装

LB 固体培养基配方（200 mL 体系）如下：称取 1 g YE，2 g 蛋白胨，2 g 氯化钠，3 g 琼脂于锥形瓶中，加入蒸馏水定容至 200 mL。高温高压 121℃，灭菌 20 min。

将 20 个一次性无菌塑料培养皿和高温灭菌后的 LB 培养基放入超净工作台中，紫外灭菌 20 min，等培养基冷却到可手握 10 s 时，加入与质粒抗性一致的抗生素振荡混匀，将培养基依次倒入一次性培养皿中，凝固后密封保存于 4℃冰箱备用。注意备注好培养基类型及配制日期等信息。

3. 大肠杆菌转化

（1）热激转化法

①提前将金属浴温度调整至 42℃，并维持该温度直到实验结束。

②取质粒分子的水溶液或重组反应的混合物（-20℃保存）、大肠杆菌感受态（DH5α，超低温保存）冰上融解。

③取 5 μL 质粒或重组反应混合物，缓慢注入 50 μL DH5α 感受态细胞中，用手轻弹数下 EP 管（此操作应轻柔，勿振荡），使其与大肠杆菌感受态充分接触，随后置于冰上反应 30 min，此过程切勿振荡反应液。

④42℃金属浴热激 90 s，迅速转移至冰上冷却 2~5 min（此操作应轻柔缓慢）。

⑤在无菌工作台内向热激后的转化反应物中加入 450 μL 的 LB 液体培养基（不用加抗生素），置于 37℃，200 r/min 摇床低速孵育 1 h。

⑥复苏后的菌液在高速离心机上5 000 r/min，离心5 min。

⑦在无菌工作台内弃除400 μL的上清液，用剩余的150 μL将菌体重悬，将重悬液均匀涂抹在加了质粒对应抗生素的LB固体培养基上，风干后密封。

⑧培养基平板倒置于37℃恒温箱，培养12~16 h。

（2）电转化法

①电转化感受态细胞制备

a. 倒一个普通的无抗性的LB固体培养基，取冻存的感受态菌株（DH5α或DH10B），用白枪头蘸取少量菌液轻轻地在培养基上划线，划线过程中避免过分破坏培养基（图10-5）。放入37℃恒温箱过夜复苏培养。

b. 挑取培养基上的单菌落于2 mL带抗生素的LB液体培养基中（图10-6），在37℃，200 r/min的摇床上培养过夜。

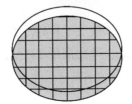 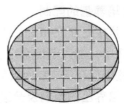

图10-5　平板划线示意　　　　图10-6　菌落培养示意

c. 将2 mL过夜培养菌液全部转接于200 mL带抗生素的LB液体培养基中，在37℃摇床上250 r/min剧烈振荡培养3~5 h。每30 min检测一次OD值，直到OD_{600}为0.6~0.8（达到生长对数期）。

d. 将菌液迅速置于冰上预冷15~30 min，期间摇晃几次。此后步骤务必在超净工作台和冰上操作。

e. 在超净工作台内将菌液均分到4个灭过菌的50 mL离心管中。

f. 4℃下5 000 r/min冷冻离心15 min。弃去上清液，加入30 mL灭菌预冷的ddH_2O，用移液枪轻轻吹打混匀，使细胞重新悬浮（可根据需要重复此步骤1~2次）。

g. 4℃下5 000 r/min冷冻离心15 min。弃去上清液，加入20 mL灭菌预冷的10%甘油，用移液器轻轻吹打混匀，使细胞重新悬浮。

h. 4℃下5 000 r/min冷冻离心15 min。小心弃去上清液（沉淀可能会松散），加入20 mL灭菌预冷的10%甘油，用移液器轻轻吹打混匀，使细胞重新悬浮。

i. 4℃下5 000 r/min冷冻离心15 min。小心弃去上清液，用10%甘油重悬浮细胞至终体积为2.5 mL。

j. 将细胞按照 50 μL 等份装入 1.5 mL EP 管，立即使用或迅速置于 -80℃ 超低温保存。

②电转化感受态细胞

a. 刚制备好的感受态细胞冰上保温或者从超低温冰箱取出感受态细胞冰上融化。

b. 向 50 μL 感受态细胞中加入 1 μL 质粒水溶液或重组产物，用移液器轻轻吸打均匀，置于冰上。

c. 电转化仪选择 1 800 V 作为输出电压。

d. 将转化混合物转入预冷的 1 mm 的电极杯中，这个过程要避免出现气泡。立即按下电击按钮。

e. 听到蜂鸣声后（脉冲结束），立即往电极杯中加入 500 μL 的 LB 液体培养基重悬细胞。

f. 将重悬细胞液转入 1.5 mL EP 管，在摇床上 37℃，200 r/min 培养 1 h。

g. 复苏后的菌液在高速离心机上 5 000 r/min，离心 5 min。

h. 在无菌工作台内弃除 400 μL 的上清液，用剩余的上清液将菌体重悬，将重悬液均匀涂抹在加了抗生素的 LB 固体培养基上，风干后密封。

i. 培养基平板倒置于 37℃ 恒温箱，培养 12~16 h。

4. 大肠杆菌转化预期结果

大肠杆菌转化预期结果如图 10-7 所示。

图 10-7 大肠杆菌转化预期结果

五、实验注意事项

（1）使用立式高压灭菌锅灭菌时，应注意灭菌锅的使用安全。

（2）从 -80℃ 拿出大肠杆菌感受态细胞后应立即放在冰上，且不可用力振荡，注意轻拿轻放。

(3) 在超净工作台外不可将大肠杆菌暴露在空气中，防止污染。

(4) 所有操作应尽量在冰上完成。

(5) 转化时动作应尽量轻柔，防止造成菌体破裂，从而影响转化成功率。

(6) 涂板后，风干到培养基上无明显水光即可。

六、思考题

(1) 为什么向转化反应物中加 LB 液体培养基时，不用加相应抗生素？

(2) 影响大肠杆菌转化成功率的因素有哪些？

(3) 热激转化法和电转化法各有什么优缺点？

实验 11　质粒抽提与重组质粒鉴定

一、实验目的

掌握常用的质粒 DNA 提取原理与方法。

二、实验原理

提取质粒 DNA 的方式有很多，从提取产量上可分为微量提取、中量提取和大量提取；从使用仪器上可分为一般提取和试剂盒提取；从具体操作方法上可分为碱裂解法、煮沸法、SDS 裂解法、小量一步提取法、牙签少量制备法、Triton-溶菌酶法和羟基磷灰石层析法等。每种方法各有优缺点，可根据实验目的、菌的特性、质粒纯化方法和自身研究条件，自主选用合适的提取方法。

本实验主要介绍最常用的一般提取（碱裂解法、煮沸法、SDS 裂解法）和试剂盒提取（试剂盒法）。各类方法提取质粒基本原理如图 11-1 所示。

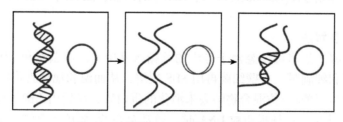

图 11-1　碱裂解法、煮沸法提质粒示意

（一）一般提取

1. 碱裂解法

质粒是共价闭合的环状 DNA，与线性染色体 DNA 在拓扑学上存在差异，碱裂解法就是根据这一差异来分离它们。当处于强碱环境，即 pH 值介于 12.0～12.6 时，细菌染色体 DNA 双链碱基对之间的氢键断裂，碱基间的堆积力遭到破坏，有规则的双螺旋结构解开。在同样的条件下，质粒 DNA 的氢键也会断

裂，但质粒 DNA 的超螺旋结构使其双链并不会彼此分离，因为它们在拓扑学上是互相缠绕的。等到将 pH 值恢复至中性时，质粒 DNA 的两条互补链仍保持接近，因此复性迅速而准确，而染色体 DNA 的两条互补链彼此已完全分开无法完成复性，从而互相缠绕形成网状结构。接下来通过离心或其他操作，就能将染色体 DNA 与不稳定的大分子 RNA、蛋白质-SDS 复合物等一起于沉淀除去，而质粒 DNA 保留于上清液中。

2. 煮沸法

煮沸法是将细菌悬浮于含有能使细胞膜破坏的 Triton X-100 和能消化细胞壁的溶菌酶缓冲液中，然后加热到 100℃使其裂解。经溶菌酶和 Triton X-100 处理后，细菌染色体 DNA 会缠绕附着在细胞碎片上，由于细菌染色体 DNA 比质粒大得多，易受机械力、核酸酶等因素的作用而被切割成不同大小的线性片段。热处理时，细菌的线性染色体 DNA 链的碱基配对被解开，同时蛋白质也因受热丧失生物学活性，而共价闭环质粒 DNA 的双链仍紧密地结合在一起。温度下降后，质粒 DNA 的碱基恢复配对，形成超螺旋分子，以溶解状态存在于液相当中，离心除去变性的染色体 DNA 和蛋白质，就可从上清液中回收质粒 DNA。煮沸法对于小于 15 千碱基对(kb)的小质粒很有效，可用于提取少至 1 mL(小量制备)，多至 250 mL(大量制备)菌液的质粒，并且对大多数的大肠杆菌菌株都适用。但对于那些经变性剂、溶菌酶及加热处理后会释放大量碳水化合物的大肠杆菌菌株，如 HB101 及其衍生菌株(其中包括 TG1)，则不推荐使用该法。这是因为碳水化合物很难除去，其会抑制限制酶和聚合酶活性。另外，煮沸并不能完全灭活核酸内切酶 A(endonuclease A，endA)的活性，故表达 endA 的菌株也不适用于本法。

3. SDS 裂解法

SDS 裂解法是将细菌悬浮于等渗的蔗糖溶液中，用溶菌酶和 EDTA 处理以破坏细胞壁和细胞膜，去壁细菌再用 SDS 裂解，从而温和地释放质粒 DNA 到等渗液中，然后用酚/氯仿混合物除去未消化的蛋白质，最后用乙醇沉淀水相中的质粒 DNA。使用此法抽提质粒 DNA 时，通常会在酚/氯仿混合物中加入少许异戊醇促进分相(苯酚：氯仿：异戊醇＝25：24：1)，使离心后的上层含 DNA 的水相、中间的变性蛋白相及下层有机溶剂相维持稳定，从而保证提取效率。

SDS 法是一种专门用于大质粒(>15 kb)提取的方法，其特点就是裂解过程温和，可以缓解高渗透压的细菌在释放质粒 DNA 时的压力，不易造成损伤。在处理大质粒时应用此法的效果比碱裂解法和煮沸法好，但缺点在于产量低。

(二)试剂盒提取

实验室通常使用试剂盒快速小提质粒。质粒快速小提试剂盒适用于大肠杆菌中质粒 DNA 的小量提取，它是将优化后的碱裂解法和方便快捷的硅膜离心技术结合起来，做到在 30 min 内完成全部抽提操作，具有高效、快捷的特点。利用此类试剂盒能从 1~5 mL 过夜培养的大肠杆菌菌液中提取得到 10~50 μg 高质量的质粒 DNA（$OD_{260}/OD_{280}=1.8~2.0$），提取的质粒 DNA 可用于测序、体外转录与翻译、酶促反应、细菌转化和 PCR 扩增等分子生物学实验。

三、主要仪器及试材

超净工作台、50 mL 离心管、恒温箱、恒温振荡摇床、冰箱、微波炉、台式高速离心机、PCR 仪、电泳仪、涡旋振荡器、移液器、量筒、锥形瓶、EP 管；LB 液体培养基、抗生素、无水乙醇、75%乙醇、苯酚、氯仿、异戊醇、质粒快速小提试剂盒等。

四、实验方法与步骤

（一）细菌培养

在超净工作台内，于 50 mL 离心管中加入适量 LB 液体培养基、抗生素和大肠杆菌菌液，在 37℃ 条件下以 200 r/min 转速摇菌培养过夜至细胞生长对数后期。

（二）质粒提取

1. 碱裂解法

①将培养菌液转入 1.5 mL 的 EP 管中，12 000 r/min 离心 1 min。弃上清液，将 EP 管倒置于吸水纸上，使液体尽可能流尽。

菌体重悬于 100 μL 溶液Ⅰ中（需剧烈振荡，使菌体分散混匀，溶液Ⅰ成分见表 11-1），室温放置 10 min。

表 11-1 溶液Ⅰ成分表

组分	用量
1 mol/L Tris-HCl（pH=8.0）	12.5 mL
0.5 mol/L EDTA（pH=8.0）	10 mL
葡萄糖	4.730 g
ddH_2O	定容至 500 mL

注：溶液Ⅰ应 121℃高压灭菌 15 min，贮存于 4℃。

②加入 200 μL 新配制的溶液Ⅱ(表 11-2),快速温和颠倒 EP 管数次,以混匀内容物(勿剧烈振荡)。冰浴 5 min,使细胞膜充分裂解(离心管中菌液逐渐变澄清)。

表 11-2 溶液Ⅱ成分表

组分	用量
2 mol/L NaOH	1 mL
10% SDS	1 mL
ddH_2O	定容至 10 mL

注:溶液Ⅱ应现配现用。

③加入 150 μL 预冷的溶液Ⅲ(表 11-3),将 EP 管温和颠倒数次混匀,见白色絮状沉淀后冰上放置 5 min,然后 12 000 r/min 离心 10 min。

表 11-3 溶液Ⅲ成分表

组分	用量
5 mol/L KAc	300 mL
冰醋酸	57.5 mL
ddH_2O	定容至 500 mL

注:溶液Ⅲ应 4℃保存备用。

④将上清液移入干净的 EP 管中,加入等体积的酚:氯仿:异戊醇(25:24:1)溶液,涡旋混匀,12 000 r/min 离心 10 min。

⑤小心转移上清液于新的 EP 管中,加入 2 倍体积预冷的无水乙醇混匀。先室温放置 5 min,再 12 000 r/min 离心 10 min。

⑥弃上清液,将管口敞开倒置于吸水纸上使所有液体流出,加入 1 mL 75%乙醇清洗沉淀,12 000 r/min 离心 5 min。

⑦吸除上清液,将 EP 管倒置于吸水纸上使液体流尽,室温条件下干燥。

⑧将沉淀溶于 20 μL TE 缓冲液(表 11-4)(pH=8.0,含 20 μg/mL Rnase A,约 4 μL)中,37℃水浴 30 min 以降解 RNA 分子。

⑨质粒 DNA 贮存-20℃冰箱中。

表 11-4 TE 缓冲液成分表

组分	用量
1mol/L Tris-HCl (pH=8.0)	1 mL
0.5 mol/L EDTA (pH=8.0)	0.2 mL
ddH_2O	定容至 100 mL

注:TE 缓冲液应 121℃高压灭菌 20 min,4℃保存备用。

2. 煮沸法

①取培养菌体置于 1.5 mL 的 EP 管中，13 000 r/min 离心 30 s。弃上清液，倒扣于干净的吸水纸上吸干。

②将菌体悬浮于 350 μL STET 缓冲液(表 11-5)中，涡旋混匀 3~5 s。

表 11-5　STET 缓冲液成分表

组分	用量
1 mol/L Tris-HCl (pH=8.0)	5 mL
0.5 mol/L EDTA (pH=8.0)	1 mL
NaCl	2.925 g
Triton X-100	25 mL
ddH$_2$O	定容至 500 mL

注：STET 缓冲液应 121℃ 高压灭菌 20 min，4℃ 保存备用。

③将 EP 管放入沸水浴中，40 s 后立即取出。

④4℃，12 000 r/min 离心 15 min。用无菌牙签从 EP 管中挑去细菌碎片。

⑤在上清液中加入 40 μL 2.5 mol/L 乙酸钠(NaAc，pH=5.2，成分见表 11-6)和 420 μL 异丙醇以沉淀核酸，振荡混匀，室温放置 5 min。

表 11-6　乙酸钠成分表

组分	用量
NaAc · 3H$_2$O	34 g
ddH$_2$O	定容至 100 mL

注：乙酸钠应 121℃ 高压灭菌 20 min，4℃ 保存备用。

⑥以 4℃，12 000 r/min 离心 5 min，回收核酸沉淀。小心吸去上清液，将 EP 管倒置于一张吸水纸上，吸干液体，再用移液枪将附于管壁的液滴吸尽。

⑦加入 1 mL 75% 的乙醇漂洗核酸沉淀，4℃，12 000 r/min 离心 2min。轻轻地吸去上清液，去除管壁上的乙醇液滴，敞开管口室温放置，直至 75% 的乙醇挥发完全，管内无可见的液体为止(2~5 min)。

⑧用 30~50 μL 含 RNase A 的 TE 缓冲液溶解核酸，涡旋混匀，于 -20℃ 保存。

3. SDS 裂解法

①将 20 mL 对数生长晚期的菌液接种到加了抗生素的 200 mL LB 液体培养基中(锥形瓶)，37℃，250 r/min 摇床上振摇 12~16 h。

②将菌液分装到4个50 mL离心管，于4℃下4 100 r/min离心15 min收集菌体。

③弃上清液并倒置离心管弃尽残余，分别加50 mL预冷的STE溶液（表11-7）重悬细菌沉淀。于4℃下4 100 r/min离心15 min，将菌体收集到一个50 mL离心管。

表11-7　STE缓冲液成分表

组分	用量
1 mol/L Tris-HCl (pH=8.0)	5 mL
0.5 mol/L EDTA (pH=8.0)	1 mL
NaCl	2.925 g
ddH_2O	定容至500 mL

注：STE缓冲液应121℃高压灭菌20 min，4℃保存备用。

④加入10 mL预冷过的含有10%蔗糖、50 mmol/L Tris-HCl (pH=8.0)溶液进行重悬，将悬液移至30 mL的带盖螺口塑料试管中。

⑤加入2 mL新配制的溶菌酶溶液[10 mg/mL，100 mg溶菌酶溶于10 mL 10 mmol/L Tris-HCl (pH=8.0)中]。

⑥加4 mL 0.5 mol/L EDTA(pH=8.0)，将试管颠倒数次以混匀悬液，在冰上放置10 min。

⑦加4 mL 10% SDS，用玻璃棒迅速混匀内容物，使SDS均匀分散到整个细菌悬液中，操作时要温和小心，尽量避免释放出来的DNA受到破坏。

⑧立即加入6 mL 5 mol/L 氯化钠(NaCl，终浓度为1 mol/L)，再次用玻璃棒温和、彻底地混匀内容物，在冰上放置至少1 h。

⑨以4℃，3 000 r/min离心30 min，小心将上清液转移到一个50 mL的离心管中，弃去沉淀物。

⑩上清液分别用酚：氯仿(24:1)混合液和氯仿各抽提1次。

⑪将水相转移到250 mL离心瓶中，于室温加入2倍体积的(约60 mL)无水乙醇，充分混匀，室温下放置1~2 h。

⑫以4℃，5 000 r/min离心20 min，回收沉淀。将离心管倒置于吸水纸上，吸去残存的乙醇，在真空干燥器内短暂干燥沉淀物，但不要使之完全干燥。

⑬用3 mL的TE缓冲液溶解DNA。

4. 试剂盒法

①准备2 mL EP管，利用高速离心机，10 000 r/min离心1 min收集1~

5 mL 菌体。

②倒弃上清液，加入 250 μL Solution Ⅰ/RNase A 混合液，高速涡旋振荡重悬细菌。

③加入 250 μL Solution Ⅱ，颠倒 EP 管几次让溶液中和完全，获得清晰的裂解液。

④加入 350 μL Solution Ⅲ，立即颠倒 8~10 次让溶液充分中和。

⑤13 000~16 000 r/min 高速离心 2 min(若存在杂质不紧或不贴壁，可增加时长至 10 min)。

⑥将硅胶膜离心柱装在 2 mL 收集管上。

⑦小心取 750 μL 步骤⑤得到的上清液，移至硅胶膜柱中，13 000 r/min 离心 30~60 s。

⑧重复步骤⑦，直到离心完所有上清液。

⑨倒弃离心滤液，把硅胶膜柱装回收集管，加 500 μL HBC 缓冲液，13 000 r/min 离心 30~60 s。

⑩倒弃离心滤液，将硅胶膜柱装回收集管，加 700 μL DNA 洗脱缓冲液，13 000 r/min 离心 30~60 s。

⑪重复步骤⑩，充分洗脱杂质。

⑫倒弃离心滤液，将硅胶膜柱装回收集管，13 000 r/min 离心 3 min，以充分脱去水分。

⑬把硅胶膜柱装入一个新的 1.5 mL EP 管，加 30~100 μL 溶解缓冲液或灭菌水，静置 1~2 min，13 000 r/min 离心 1 min 洗脱 DNA。

⑭将底部洗脱液移 EP 管，以 13 000 r/min 离心再次富集，充分洗脱 DNA。

⑮丢弃硅胶膜柱，将装有质粒溶液的 EP 管放 -20℃ 保存。

(三) 质粒验证

1. 琼脂糖凝胶电泳验证

琼脂糖凝胶电泳验证不能特异性检测质粒是否含有目标基因片段，因此，常用于验证提质粒是否成功。具体操作步骤为：

取提取的质粒溶液 2 μL，混合 4 μL 的溴酚蓝试剂点样进琼脂糖凝胶，电泳仪设置为 180 V、300 mA 跑胶 15 min 左右。查看条带，若存在符合碱基长度大小的条带，则说明质粒提取成功，若无则提取失败。

2. 特异性引物验证

特异性引物验证利用原质粒中不存在的目的基因片段，设计特异性引物，利用 PCR 仪扩增并电泳，从而验证质粒中是否存在目的片段。该方法在验证提取质粒是否成功的同时，也验证了目的基因是否已成功导入质粒载体。具体操作步骤为：

先将提取得到的质粒稀释 30 倍，再按表 11-8 配成 20 μL 体系，在进行 PCR 扩增后，进行凝胶电泳，当存在符合碱基大小的条带，则说明质粒提取成功且构建质粒载体成功，若无则提质粒失败或质粒中无目的片段。

表 11-8 质粒 PCR 20 μL 体系

组分	用量
质粒	1 μL
Mix	10 μL
上游/下游引物	1/1 μL
ddH$_2$O	7 μL

3. 酶切验证

酶切验证利用质粒中存在的酶切位点，用限制性内切酶将目的片段从质粒中切下，再进行凝胶电泳，从而验证质粒中是否存在目的片段。该方法在验证提取质粒是否成功的同时，也验证了目的基因是否已成功导入质粒载体。具体操作步骤为：

先将提取得到质粒稀释 30 倍，再按表 11-9 配成 50 μL 体系，用枪头轻轻吹打混匀，置于内切酶相应的温度条件下酶切过夜(12~16 h)。在完成酶切后加入 4 μL 溴酚蓝终止反应，用获得的混合液进行凝胶电泳。此时电泳结果应有 2 个条带，一条为目的片段条带，另一条为质粒酶切剩余条带。若结果如上述情况，说明质粒提取成功且构建质粒载体成功，若无则提质粒失败或质粒中无目的片段。

表 11-9 质粒酶切 50 μL 体系

组分	用量
质粒	1 μg
Cutsmart 缓冲液	5 μL
限制性内切酶(双酶切)	1/1 μL
ddH$_2$O	定容至 50 μL

五、实验注意事项

(1) 摇菌时注意加入质粒相对应的抗生素(如实验室通常使用的

pKGWFS7 为 SPEC 抗性）。

(2) 使用微波炉时注意个人安全。

(3) 凝胶电泳区域为污染区域，须做好防护措施。

(4) 用75%乙醇洗涤沉淀时一定要小心谨慎，防止将核酸同洗液一起倒掉。

六、思考题

(1) 琼脂糖凝胶电泳验证可以直接判断目的基因是否成功插入吗？

(2) 酶切验证时，如果是目的基因未插入，条带会呈现何种状态？单酶切和双酶切是否存在差异？

(3) 酶切验证时，单酶切和双酶切应如何选择？各有何特点？

实验 12　根癌农杆菌的转化与培养

一、实验目的

掌握根癌农杆菌 GV3101 感受态细胞制备和根癌农杆菌细胞转化及培养的原理与方法。

二、实验原理

感受态是细菌细胞具有能够接受外源 DNA 的一种特殊生理状态。将正常生长的农杆菌细胞加入氯化钙溶液中，置于 0℃下处理一定时间，便会让其细胞膜的通透性发生改变，此时的细胞即为感受态细胞，制备好的农杆菌感受态细胞应立即冷冻于 -80℃（图 12-1）。

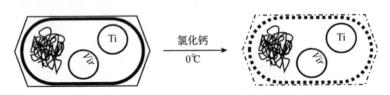

图 12-1　农杆菌感受态细胞制备

根癌农杆菌是一种革兰阴性土壤细菌，包括带有 T-DNA 的微型质粒（双元 Ti 载体）和带有 Vir 区的辅助质粒，能在自然条件下趋化性地感染大多数双子叶植物或裸子植物的受伤部位，将其 Ti 质粒上一段含有植物激素和冠瘿碱合成酶基因的 DNA 转移并整合至受体植物，即可在植物细胞中表达，从而导致冠瘿瘤的发生。

转化是指质粒 DNA 或以它为载体构建的重组 DNA 导入细菌细胞，并使其生物学特性发生可遗传变化的过程。先利用理化方法诱导细胞，使其处于最适摄取和容纳外来 DNA 的生理状态，再采用电转化法或热激法进行农杆菌转化（图 12-2）。本实验主要介绍电转化法转化根癌农杆菌。电转化法是利用瞬间

实验 12 根癌农杆菌的转化与培养

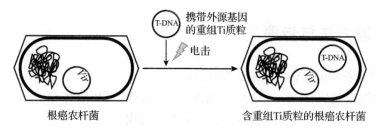

图 12-2 农杆菌转化原理

高压造成细胞膜的不稳定,形成电穿孔,从而使目的 DNA 等大分子进入。

三、主要仪器及试材

电转仪[图 12-3(a)]、电转杯、移液器、枪头、超净工作台、高压灭菌锅、分析天平、恒温摇床、高速冷冻离心机[图 12-3(b)]、恒温箱、一次性培养皿、称量纸、EP 管、锥形瓶;YEB 培养基(表 12-1)、利福平(Rif)、根癌农杆菌 GV3101 菌株、-80℃超低温冰箱、分光光度计、离心管、20 mmol/L 氯化钙和载体质粒及相应抗生素。

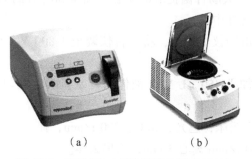

(a)　　　　　(b)

图 12-3 电转仪(a)与高速冷冻离心机(b)

表 12-1 YEB 培养基配方

组分	用量(g/L)
YE	10
蛋白胨	10
氯化钠	10
琼脂(固)	12

注:121℃,20 min 高温高压灭菌。

四、实验方法与步骤

1. 根癌农杆菌 GV3101 感受态的制备

①挑取根癌农杆菌 GV3101 单菌落于 1 mL 的 YEB 液体培养基(含 Rif 50 μg/mL)中,于 28℃,250 r/min 恒温摇床培养过夜。

②取过夜培养的菌液 1 mL 接种于 50 mL YEB(Rif 50 μg/mL)液体培养基中,28℃,250 r/min 恒温摇床培养至 OD_{600} 为 0.6。

③取 2 mL 菌液,5 000 r/min,离心 3 min,弃上清液。

④加入 1 mL 20 mmol/L 氯化钙,重悬农杆菌细胞,冰浴 30 min。

⑤以 5 000 r/min,离心 3 min,弃上清液,置于冰上,加入 500 μL 预冷的 20 mmol/L 氯化钙,重悬农杆菌细胞,置于冰浴中或立即用液氮速冻 1 min,后置于-80℃保存。

2. 根癌农杆菌 GV3101 的转化与培养

①电转杯冰上预冷 5 min 左右,取农杆菌感受态(GV3101)冰上融化,分装到 2 个 EP 管,每个 EP 管 50 μL。

②取 100 ng 左右大肠杆菌提取的质粒,加至 50 μL 的 GV3101 感受态,吹打混匀后转移到电转杯中。

③电转杯插入电转仪卡槽中,将电转仪调至 1 800 V,双击"Pulse",听到蜂鸣声即可。

④向电转杯中加入 450 μL YEB 液体培养基,吹打混匀后,将混合液吸到 EP 管中。

⑤将 EP 管置于摇床,遮光,28℃,200 r/min,摇 1 h。

⑥将菌液 5 000 r/min 离心 3 min,收集菌体。

⑦吸取 400 μL 培养液,弃掉,剩余 100 μL 菌液吹混匀打后,均匀涂到加有 Rif 和载体相应抗生素的 YEB 固体培养基上,晾干后,倒置于恒温箱28℃培养 48~72 h。

⑧待长出菌落,挑取单菌落,加到加有 Rif 和载体相应抗生素的 YEB 液体培养基中,置于摇床,遮光,28℃,200 r/min,振荡过夜(12~16 h),用于后续 PCR 鉴定。

3. 农杆菌转化预期结果

农杆菌转化预期结果如图 12-4 所示。

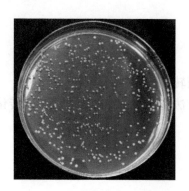

图 12-4　农杆菌转化预期结果

五、实验注意事项

（1）实验中用到的 EP 管、枪头、培养皿、YEB 培养基等均需提前高温灭菌，使用灭菌锅灭菌时，应注意灭菌锅的使用安全。

（2）从 -80℃ 取出农杆菌感受态后应立即置于冰上融化。

（3）转化全过程应在超净工作台中完成，避免污染。

（4）电转杯提前于冰上预冷，加样时手不可拿电转杯底部，放入电转仪前应擦干电转杯底部液体。

（5）YEB 培养基一般须提前配好，电转加样前要检查培养基是否被污染。

（6）涂板时，动作应轻柔，涂抹均匀，避免划破培养基。

（7）涂板后，应在超净工作台中吹干，直至表面无明显液体。

（8）挑单菌落摇菌时，应挑一个换一个枪头。

（9）加入质粒时体积不应大于感受态体积的 1/10；质粒不纯或存在乙醇等有机物污染，转化效率会急剧下降；质粒增大 1 倍，转化效率下降一个数量级。

（10）混入质粒时应轻柔操作。转化高浓度的质粒可相应减少最终用于涂板的菌量。

（11）平板上阳性克隆密度过大时，会营养不足而生长变慢，单菌落变小，因此，为了获得大的单菌落，应减少质粒用量。

（12）在农杆菌转化过程中，利福平浓度不应高于 25 μg/mL，过高的利福平浓度不利于农杆菌生长，会降低其生长速度和转化效率。

六、思考题

(1)影响根癌农杆菌转化效率的因素有哪些？
(2)相比化学转染方法和病毒载体转染方法，电转化法的优点有哪些？

实验 13　外植体的遗传转化

一、实验目的

了解农杆菌介导的遗传转化基本原理，掌握农杆菌介导的植物外植体遗传转化流程。

二、实验原理

农杆菌是一种天然高效的转基因载体，在植物的遗传转化上应用广泛。农杆菌分为发根农杆菌（*Agrobacterium rhizogenes*）和根癌农杆菌（*Agrobacterium tumefaciens*）。发根农杆菌中诱导发状根的质粒（Ri）和根癌农杆菌中诱导冠瘿瘤的质粒（Ti）上都有一段 T-DNA，农杆菌可通过侵染植物伤口，将 T-DNA 插入植物基因组。因此，研究人员可通过将目的基因插入到人工改造的 T-DNA 区，借助农杆菌的侵染，将 T-DNA 随机整合到植物基因组；随着外植体的分化，使得目的基因在植物中稳定表达，形成转基因植株（图 13-1）。

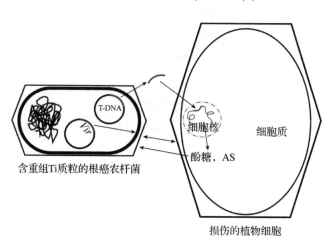

图 13-1　根癌农杆菌侵染原理

三、主要仪器及试材

高压灭菌锅、超净工作台、离心机、冰箱、摇床、分光光度计[图 13-2(a)]、比色皿[图 13-2(b)]、培养瓶、培养皿、EP 管、滤纸、移液枪、枪头、量筒；乙酰丁香酮(AS)、YEB 培养液、WPM 培养基(表 13-1)等。

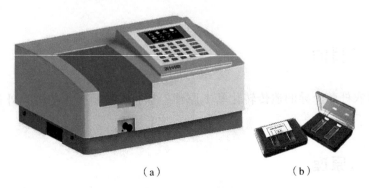

（a） （b）

图 13-2 分光光度计(a)和比色皿(b)

表 13-1 WPM 培养基母液配方

名称	组分	用量(g/L)
大量元素(20×)	K_2SO_4	19.80
	$MgSO_4 \cdot 7H_2O$	7.40
	KH_2PO_4	3.40
	NH_4NO_3	8.00
微量元素母液(200×)	$MnSO_4 \cdot 4H_2O$	4.50
	$ZnSO_4 \cdot 7H_2O$	1.72
	H_3BO_3	1.24
	$CuSO_4 \cdot 5H_2O$	0.05
	$Na_2MoO_4 \cdot 2H_2O$	0.05
钙盐(100×)	$Ca(NO_3)_2 \cdot 4H_2O$	55.60
	$CaCl_2 \cdot 2H_2O$	9.60
铁盐(200×)	$FeSO_4 \cdot 7H_2O$	5.56
	Na_2EDTA	7.46

(续)

名称	组分	用量(g/L)
有机物(200×)	甘氨酸	0.40
	维生素 B_1	0.20
	维生素 B_6	0.10
	维生素 B_3	0.10

注：1. 每升工作液加 0.1 g 肌醇、20 g 蔗糖和 8 g 琼脂，pH 值调至 5.8~6.0。

2. 在配制铁盐时，先将 Na_2EDTA 用去离子水溶解，加热至沸腾 2~3 次；再将溶好的铁盐，待 Na_2EDTA 完全冷却后，倒入混匀。由于铁盐比较容易结晶，装铁盐的瓶子一定要用去离子水清洗干净，并放在烘干箱中烘干。

四、实验方法与步骤

1. 农杆菌的准备

从平板上挑取已验证的阳性菌落，或从 −80℃ 超低温冰箱取出冷冻保存且已验证阳性的菌液，加到 1 mL YEB 液体培养基(加相应浓度筛选抗生素)中，200 r/min，28℃，小摇培养 12 h。

取 200 μL 小摇好的菌液，于 20 mL YEB 液体培养基(加相应浓度筛选抗生素)中，以 200 r/min，28℃，培养 12~16 h，OD_{600} 至 0.5~0.8。

2. 转化重悬液的准备

取 10 mL 菌液，以 5 000 r/min，10 min 收集菌体，重悬于 100 mL 液体 WPM 培养基(含 100 μmol/L AS)，以 200 r/min，28℃，培养 1~2 h。

3. 外植体的转化

生长 30~45 d 的野生型无菌植株，取上端第 2~5 片平整的叶片，用锋利的刀片将叶片边缘划掉，在主脉位置横向划出几道伤口(如图 13-3 所示，按虚线进行切割)，随后将叶片放入重悬液中，侵染 10~15 min；叶片取出后置于无菌的滤纸上，吸取多余的菌液(擦至不见明水为止)，叶背向上放置到 WPM + AS(100 μmol/L)固体培养基上，暗培养 2 d。

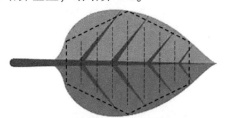

图 13-3 叶片切割示意

五、实验注意事项

(1) 整个操作过程，均须在无菌条件下完成。
(2) 实验中用到的 EP 管、枪头、培养皿等，均须提前高温灭菌。
(3) 农杆菌 OD 值 0.6~0.8 为宜。
(4) 侵染后的叶片，太湿可能在后期抑制不住农杆菌的增殖，太干会影响转化效率。

六、思考题

(1) 哪些因素影响农杆菌介导的转化效率？
(2) 为什么要使叶片产生伤口？
(3) 乙酰丁香酮在转化过程中的作用是什么？

实验 14　转基因材料的培养

一、实验目的

了解植物的分化原理,掌握转基因材料的筛选与培养方法。

二、实验原理

植物分化是植物细胞在结构、功能和生理生化性质方面发生的变化,是不同细胞间区别积累导致的质的变化。分化产生的重要基础在于细胞的全能性和基因的选择性表达。细胞全能性是指已经分化的细胞,仍具有发育成完整生物体的潜能;基因的选择性表达是指在细胞分化中,基因在特定的时间和空间条件下,通过选择表达,导致细胞分化成形态结构和生理功能不同的细胞。

离体器官发生指已完成分化的细胞,在适宜的诱导培养条件下,形成不定芽和不定根,最终形成完整植株的过程。离体器官发生分为直接分化模式和间接分化模式。直接模式是指从外植体直接形成芽,最终长成完整植株的模式;间接模式是指由外植体先形成愈伤组织,从愈伤组织中再产生拟分化组织,再形成芽和根,最终形成完整植株的模式。

间接模式得到完整植株,须继续完成脱分化和再分化这 2 个步骤。脱分化也称去分化,是指植物的细胞、组织或器官,在离体培养条件下,逐渐失去原来的结构和功能,而恢复分生状态,形成无组织结构的细胞团或愈伤组织或成为未分化细胞特性的细胞的过程;愈伤组织可由脱分化状态重新进行分化,形成完整植株,这个过程称为再分化。

综上所述,本实验采用离体器官发生的间接模式,由农杆菌侵染的带伤口叶片上形成愈伤组织,再从愈伤组织中诱导形成芽和根,并利用相应抗生素进行筛选,获得待验证的转基因阳性苗。

三、主要仪器及试材

组培室、超净工作台、培养瓶、培养皿；WPM培养基、相关激素及抗生素等。

四、实验方法与步骤

以2301s作为载体为例。

1. 诱导愈伤培养

叶片在WPM+AS(100 μmol/L)固体培养基，暗培养2 d，转入愈伤诱导培养基(callus induction medium, CIM)：WPM +kinetin(激动素, 0.5 mg/L)+2,4-D(2,4-二氯苯氧乙酸, 1.0 mg/L)+kan(卡那霉素, 50 mg/L)+cef(头孢霉素, 300 mg/L)+TMT(特美汀, 300 mg/L)，进行暗培养。14 d换一次培养基(图14-1)。

图14-1　CIM中长有愈伤的叶片

2. 诱芽培养

待愈伤长至米粒大小，将其切下，转入诱芽培养基(shoot induction medium, SIM)：WPM+TDZ(0.02 mg/L)+kan(50mg/L)+cef(300 mg/L)+TMT(300 mg/L)，光照16 h/d在日光灯下培养(图14-2)。

3. 芽伸长培养

待愈伤长满芽，再将丛芽和愈伤一起转入诱芽伸长培养基(elongation medium, EM)：WPM+kan(50mg/L)+cef(300 mg/L)，若丛芽较大(大于1 cm)，可将丛芽切开分为2个转入EM培养基(图14-3)。

图 14-2　SIM 中诱芽培养的愈伤组织　　图 14-3　EM 中培养的丛芽

4. 生根培养

待芽伸长至 1 cm，将其切下转入诱导生根培养（rooting medium，RM）：WPM+kan（50 mg/L）+cef（250 mg/L）。一个丛芽切下的植株定义为一个株系（图 14-4）。

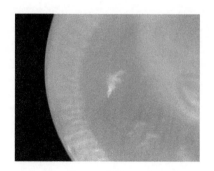

图 14-4　RM 培养基中刚形成的根

五、实验注意事项

（1）14 d 换一次培养基，以保证植物组织充分吸收营养，继续分化。

（2）诱导愈伤的培养基倒在培养皿中，以便放置暗培养侵染的叶盘。

（3）诱芽培养基换为培养瓶，防止光照下产生过多水汽，影响愈伤或者芽分化。

（4）转基因植株不同株系间要编号，标记清楚。

（5）根据载体选择相应的抗生素，并筛选其最适浓度，本实验所用载体的抗性为卡那霉素（kanamycin）。

六、思考题

(1)影响植物器官分化的因素有哪些？
(2)为什么要区分不同的转基因株系？如何划分转基因株系？
(3)诱导愈伤为什么要暗培养，而后期须光下培养？

实验 15　转基因材料阳性检测

一、实验目的

了解林木转基因材料阳性检测的基本原理,掌握从 DNA、RNA、蛋白质 3 个水平进行转基因材料阳性检测的方法。

二、实验原理

转基因技术是将人工合成的基因,导入到植物基因组中,从而达到改造植物的目的。根据中心法则(图 15-1),遗传信息在生物体内的传递首先是从 DNA 转录形成 RNA,再由 RNA 翻译形成蛋白质,而蛋白质是生物体内生命活动的主要承担者。因此,转基因材料的阳性检测可以从 DNA、RNA 以及蛋白质 3 个水平进行验证。

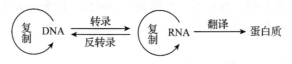

图 15-1　中心法则示意

1. DNA 水平

基因在植物中的表达,须通过人工将基因与载体重组,然后转入受体细胞中,最后在植物中稳定遗传。因此,可以以植物的基因组 DNA 为模板,利用载体引物与基因特异性引物的组合,通过 PCR 技术对转基因材料进行阳性检测。

2. RNA 水平

通过提取植物总 RNA 并反转录为 cDNA,以 cDNA 为模板,通过实时荧光定量 PCR (real-time quantitative polymerase chain reaction,RT-qPCR) 技术对超表达基因的表达水平进行检测。RT-qPCR 是在 PCR 反应中加入荧光基团,利用荧光信号累积,实时监测整个 PCR 进程。本实验采用的荧光染料为 SYBR Green I。游离的 SYBR Green I 几乎没有荧光信号,但结合双链 DNA 后,其荧光信号会增加，荧光信号强度代表双链 DNA 分子的数量。PCR 扩增过程中，扩增产物的荧光信号达到设定的阈值时所经过的扩增循环次数为 Ct 值，模板 DNA 分子的数量越多，荧光达到域值的 Ct 值越低，根据检测样品中目的基因与内参基因 Ct 值之间的关系对转基因材料中目的基因的表达情况进行定量分析。

3. 蛋白水平

绿色荧光蛋白（green fluorescent protein，GFP）和 β-葡萄糖苷酸酶基因（*GUS* 基因）是分子生物学领域在蛋白水平检测常用的 2 个报告基因。GFP 是在水母中发现的野生型绿色荧光蛋白，395 nm 和 475 nm 分别是最大和次大的激发波长，它的发射波长的峰点是在 509 nm。GFP 可用于活细胞检测基因表达或调控，荧光性质稳定、易于检测、无细胞毒性，可使用常规荧光显微镜直接观察其表达情况，从而对转基因材料进行检测。

GUS 基因是从大肠杆菌中分离出来的，也是植物转基因中常用的一个报告基因，编码 β-葡萄糖醛酸糖苷酶，该酶是一种水解酶，可与底物 X-gluc（5-溴-4-氯-3-吲哚葡聚糖醛酸苷）发生反应，显现蓝色，可肉眼观测到。利用这种颜色变化可对转基因材料进行阳性检测。

三、主要仪器及试材

荧光定量 PCR 仪、恒温培养箱、冰箱、通风橱、涡旋振荡器、离心管、PCR 管、研钵、离心机、操作板、金属浴、移液枪、枪头；ddH_2O、CTAB 提取液、丙酮、无水乙醇、GUS 染液等。

四、实验方法与步骤

1. DNA 水平鉴定

通过 CTAB 法提取野生型植株（WT）以及筛选出的转基因苗的 DNA。具体步骤如下：

①磨样 取 0.1~1 g 植物组织置于研钵中，加入液氮研磨至粉末状。迅速加入 0.5~1.0 mL 2% CTAB 裂解液，研磨至匀浆状。

②转移匀浆至 2 mL 的离心管中，于 65℃ 金属浴加热 30~60 min，期间每隔 10 min 轻轻上下颠倒混匀 6~8 次。

③12 000 r/min 离心 15 min，取上清液至新的 1.5 mL 离心管中（注意不要吸取管底沉淀）。

④加入等体积的氯仿：异戊醇（24∶1），涡旋振荡混匀，室温静置 10 min。

⑤10 000 r/min 离心 10 min,小心吸取上清液至新的 1.5 mL 离心管中。
⑥加入 1 mL 预冷的无水乙醇,−20℃沉淀不超过 30 min。
⑦挑取团状的 DNA 于新的 1.5 mL 离心管中(样品较少时可进行离心收集),65℃烘干 DNA,加入 20~50 μL ddH$_2$O 溶解 DNA,−20℃保存备用。

通过 PCR 技术,利用载体特异性引物与目的基因一端特异性引物组合扩增植物的 DNA,以目的基因构建的质粒为阳性对照,以野生型植株(WT)DNA 为阴性对照,对转基因材料进行阳性检测,PCR 反应体系和扩增程序见表 15-1 和表 15-2 所列,DNA 水平验证 PCR 结果示意如图 15-2 所示。

表 15-1 PCR 反应体系(20 μL)

组分	用量
模板 DNA	1 μL
上游引物(10 μmol/L)	1 μL
下游引物(10 μmol/L)	1 μL
2×Hieff© PCR Master Mix	10 μL
ddH$_2$O	定容至 20 μL

表 15-2 PCR 扩增程序

循环步骤	温度	时间	
预变性	95℃	5 min	
变性	95℃	30 s	
退火	55℃	30 s	35×
延伸	72℃	时间由片段长度确定,速率为 1 kb/30 s	
终延伸	72℃	5 min	
	4℃	保存至拿出反应物	

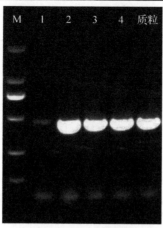

图 15-2 植物转基因材料 DNA 验证胶图

样品1代表株系筛选为假阳性,样品2、3、4为实验阳性苗。

2. RNA 水平鉴定

通过 CTAB 法提取野生型植株(WT)以及筛选出的转基因苗的总 RNA,并反转录合成 cDNA。具体实验步骤同"实验6 林木 RNA 抽提及反转录"。

以 cDNA 为模板进行 RT-qPCR 分析,每个样品进行3个技术重复,利用 $2^{-\Delta\Delta CT}$ 法计算基因相对表达量。RT-qPCR 反应体系和扩增程序见表15-3 和表15-4 所列,基因表达量分析结果见图15-3:

表 15-3 RT-qPCR 反应体系(20 μL)

组分	用量
cDNA	2 μL
上游引物(10 μmol/L)	1 μL
下游引物(10 μmol/L)	1 μL
Hieff© qPCR SYBR Green Master Mix (No Rox)	10 μL
ddH$_2$O	6 μL

表 15-4 RT-qPCR 扩增程序

循环步骤	温度	时间	
预变性	95℃	5 min	
变性	95℃	10 s	
退火	60℃	20 s	40×
延伸	72℃	时间由片段长度确定,速率为30 s	
	95℃	10 s	
溶解曲线	65℃	60 s	
	97℃	1 s	

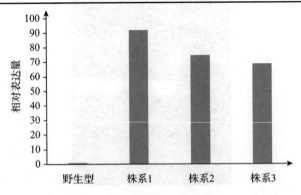

图 15-3 基因表达量分析

3. 蛋白水平鉴定

蛋白水平鉴定可根据载体携带的报告基因选取相应的检测方法。荧光显微镜是以紫外线为光源，照射被检物体，使之发出荧光。GFP 蛋白的检测可直接取转基因植株在荧光显微镜下观测 GFP 的表达情况，对其进行阳性检测。

GUS 蛋白能与显色底物 X-gluc 反应，显现蓝色（图 15-4）。通过组织化学染色可定性研究 GUS 的表达水平。具体操作步骤如下：

①取野生型植株（WT）及筛选出的转基因植株，用 90% 丙酮 4℃ 固定 20 min。
②加适量 GUS 洗液洗去丙酮，清洗 2 遍。
③加适量 GUS 染色液，抽真空 10 min，于 37℃ 放置过夜。
④吸出染色液，纯水冲洗 2 遍，加入适量无水乙醇，停止染色反应并脱色。
⑤更换无水乙醇直到脱色完全。

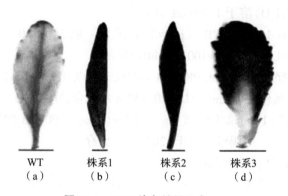

WT 株系1 株系2 株系3
(a) (b) (c) (d)

图 15-4　GUS 染色结果示意

五、实验注意事项

（1）在进行 PCR 时，所有试剂均应置于冰上。试剂要加到管底，尽量不要加到管壁，反应体系配制完毕后低速离心数秒，避免产生气泡。

（2）在进行 RT-qPCR 时，PCR 扩增产物长度不要太大，一般在 80~250 bp，设计引物时要求特异性较高，不能有非特异性扩增或引物二聚体。

（3）在进行荧光定量 PCR 之前须确保所反转的 cDNA 中 gDNA 已去除干净。

（4）在实验过程中戴口罩和手套，使用氯仿：异戊醇（24：1）、丙酮、β-巯基乙醇、DMSO（二甲基亚砜）等有毒试剂时应在通风橱进行。

六、思考题

(1)遗传学中心法则是什么？
(2)DNA 和 RNA 的区别是什么？在提取过程中有什么异同点？
(3)如何检测 cDNA 中的 gDNA 是否去除干净？

附：
(1)GUS 染液配制

①0.2 mol/L 磷酸二氢钠(NaH_2PO_4)　取 31.2 g 二水磷酸二氢钠($NaH_2PO_4 \cdot 2H_2O$)溶于 1 000 mL H_2O。

0.2 mol/L 磷酸氢二钠(Na_2HPO_4)　取 71.6 g 十二水磷酸氢二钠($Na_2HPO_4 \cdot 12H_2O$)溶于 1 000 mL H_2O。

②200 mL 0.1 mol/L PBS(pH=7.0)配方　取 38 mL 0.2 mol/L NaH_2PO_4+62 mL 0.2 mol/L Na_2HPO_4+100 mL ddH_2O。

③GUS 洗液配方　200 mL PBS(0.1 mol/L,pH=7.0)；80 μL EDTA(10 mmol/L)；0.169 3 g 亚铁氰化钾(2 mmol/L)；0.132 g 六氰合铁酸钾(2 mmol/L)。

④GUS 染液(1 mmol/L)　5 mg X-Gluc(5 mg+100 μL DMSO 助溶)，加到 5 mL GUS 洗液后，用锡纸包住于-20℃避光保存。

(2)2% CTAB 提取液的配方

20 g CTAB；100 mL 1 mol/L Tris-HCl(pH=8.0)；40 mL 0.5 mol/L EDTA(pH=8.0)；82 g NaCl；最后加 ddH_2O 定容至 1 L。

实验 16 植物基因编辑技术应用

一、实验目的

了解基因编辑原理,掌握 CRISPR/Cas9 系统的载体构建和基因编辑植株的筛选及鉴定技术。

二、实验原理

基因编辑技术是一种利用序列特异性核酸酶对基因组进行定点修饰的遗传操作技术。运用该技术,可对特定基因位点的 DNA 片段进行敲除、插入以及替换等操作,从而达到定点改造基因组的目的。

基因编辑技术主要包括:锌指核酸酶系统(zinc finger nucleases,ZFNs)、类转录激活因子效应物核酸酶系统(transcription activator-like effector nucleases,TALENs)、簇状规则间隔短回文重复序列(clustered regularly interspaced short palindromic repeat-associated protein,CRISPR/Cas)。其中,CRISPR/Cas 系统的原理是利用细菌和古细菌在长期演化过程中形成的一种用以抵御病毒和外源 DNA 入侵的适应性免疫防御机制,其操作简便、高效特异、作用靶位点多,是当前广泛应用的基因编辑系统。

CRISPR/Cas 系统由 CRISPR 序列和 CRISPR 相关蛋白(CRISPR-associated protein,Cas 蛋白)两部分组成(图 16-1)。CRISPR 序列主要由前导序列(leader)、重复序列(repeat)和间隔序列(spacer)构成。前导序列富含 AT 碱基,被认为是 CRISPR 序列的启动子,用来启动 repeat 和 spacer 序列转录;重复序列含有回文序列,转录产物可以形成发卡结构;间隔序列是捕获的外源 DNA 序列。在 CRISPR 序列附近的 CRISPR 相关基因,编码一系列 Cas 核酸酶,其主要功能是对外源基因组进行捕获与切割。

CRISPR/Cas 系统防御机制分为 3 个阶段(图 16-2):①当外源 DNA 首次入侵时,Cas1/2 蛋白复合物识别出外源 DNA 上的前间隔序列临近基序(protospacer adjacent motifs,PAM,通常由 NGG 3 个碱基构成),将邻近 PAM 的 DNA 序列剪切下来,并在其他酶的协助下整合到 CRISPR 序列的前导序列下游中,形成新的间隔序列。②当外源 DNA 再次入侵时,CRISPR 序列在前导序列的调控下转录出前体 CRISPR RNA(pre-crRNA)和反式作用 crRNA(trans-acting crRNA,tracrRNA)。pre-crRNA 再由内切核糖核酸酶催化加工为成熟的 crRNA,crRNA 可以引导 Cas9 蛋白对外源 DNA 的精准切割,Cas9 蛋白、crRNA 以及 tracrRNA 形成 CRISPR/Cas 核糖核蛋白(CRISPR/Cas ribonucleoprotein,CRISPR/Cas RNP)。③在干扰阶段时,CRISPR/Cas 核糖核蛋白识别到 PAM 序列,通过 Cas9 蛋白对靶基因精准切割,造成 DNA 的双链断裂(DNA double-strandbreaks,DSB),从而达到干扰靶基因表达的目的。

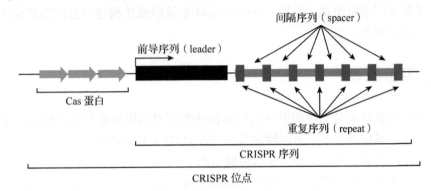

图 16-1　CRISPR 位点示意

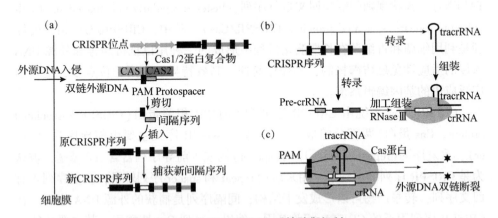

图 16-2　CRISPR/Cas 系统防御机制

(a)(b)(c)分别指 CRISPR/Cas 系统防御机制的第一阶段、第二阶段、第三阶段

CRISPR 系统共分成三大类,其中 I 类系统和 III 类系统需要不同效应蛋白组成的多聚体共同作用,而 II 类系统只需要一种 Cas 蛋白(Cas9)即可对外源的核

酸序列进行识别和切割。因此，CRISPR/Cas9 系统应用最为广泛，已经成功应用于微生物、哺乳动物和植物。为了简化 CRISPR/Cas9 系统，研究者人为地将 tracrRNA 和 crRNA 组合，形成单条 RNA 进行转录表达，得到单链向导 RNA(single guide RNA，sgRNA)，为 CRISPR/Cas9 在基因编辑中的应用奠定了坚实基础。

基于细菌免疫防御机制，简化的 CRISPR/Cas9 系统(图 16-3)主要由 sgRNA 和 Cas9 蛋白组成，在 sgRNA 的引导下通过碱基互补配对原则，Cas9 蛋白对外源 DNA 进行切割，实现 DNA 的双链断裂。Cas9 蛋白含有 2 个核酸酶结构域(HNH 结构域和 RuvC 结构域)，其中 HNH 结构域切割与 crRNA 互补的 DNA 链，而 RuvC 结构域切割非互补链。

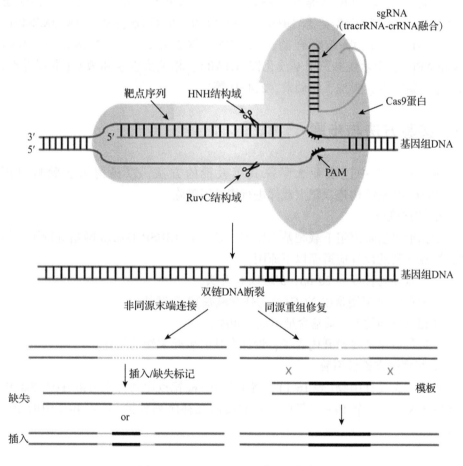

图 16-3　CRISPR/Cas9 基因编辑原理

双链断裂后激起细胞以自身的 DNA 修复机制进行修复,一种途径是利用非同源末端连接(non-homologous end-joining,NHEJ)来实现在 DNA 断裂位点碱基的随机插入或缺失;另一种途径是通过同源重组(homologous recombination,HR)使染色体 DNA 和外源供体 DNA 之间发生同源重组进而完成修复。

三、主要仪器及试材

PCR 仪、超净工作台、立式高压灭菌锅、超低温冰箱、恒温摇床、恒温培养箱、金属浴、分析天平、电泳仪、多功能制胶器套件、照胶仪、电转仪、紫外分光光度仪、离心机、移液器、离心管、培养瓶、培养皿;质粒提取试剂盒、PCR 纯化试剂盒、LB 培养基、YEB 培养基、WPM 培养基;农杆菌感受态 GV3101、大肠杆菌感受态 DH5α、CRISPR/Cas9 系统表达载体 PKSE401、pCBC-DT1T2、高保真聚合酶、*Taq* DNA 聚合酶、BsaI(NEB)、T4 DNA ligase(NEB)、十六烷基三甲基溴化铵(CTAB)、相关抗生素和激素(卡那霉素、利福平、氯霉素、头孢、激动素、2,4-D 等)。

四、实验方法与步骤

本实验参考中国农业大学陈其军教授的方法,以杨树为实验材料用 CRISPR/Cas9 系统构建双靶点载体进行靶基因敲除。

1. 靶点设计

根据毛果杨基因组下载靶基因序列,登录 E-CRISP Design 网站进行靶点筛选,靶点序列的设计应遵循以下原则:

①靶点序列长度为 20 bp,5′端以 G 开头。

②靶点序列 3′端紧挨 NGG(N 为任意碱基)3 个碱基。

③靶点序列的 GC 碱基含量不低于 40%。

④靶位点序列要避开内含子,设计在基因靠近 5′端的位置。

2. 根据靶点设计引物

根据靶点设计引物(表 16-1),将 1 个 19-nt 靶点序列替换引物-F0/-BsF 中的 19-nt N;另一个 19-nt 靶点序列的反向互补序列替换-R0/-BsR 中的 19-nt N。

表 16-1　靶点序列引物结构

引物名称	引物结构
DT1-BsF	ATATATGGTCTCGATTGNNNNNNNNNNNNNNNNNNNNGTT
DT1-F0	TGNNNNNNNNNNNNNNNNNNNNGTTTTAGAGCTAGAAATAGC
DT2-R0	AACNNNNNNNNNNNNNNNNNNNNCAATCTCTTAGTCGACTCTAC
DT2-BsR	ATTATTGGTCTCGAAACNNNNNNNNNNNNNNNNNNNNCAA

3. PCR 扩增

以稀释 100 倍的 pCBC-DT1T2(含 2 个 sgRNA 结构序列)为模板进行 4 个引物的 PCR 扩增，扩增成功后对产物(626 bp)进行胶回收纯化，PCR 体系及扩增程序分别见表 16-2 和表 16-3 所列。

表 16-2　PCR 体系

组分	用量
-BsF 引物(10 μmol/L)	5 μL
-F0 引物(10 μmol/L)	0.25 μL
-BsR 引物(10 μmol/L)	5 μL
-R0 引物(10 μmol/L)	0.25 μL
pCBC-DT1T2(稀释 100 倍)	5 μL
高保真聚合酶 Mix(2×)	25 μL
ddH$_2$O	9.5 μL

表 16-3　PCR 扩增程序

温度	时间
98 ℃	3 min
98 ℃	10 s
55 ℃	20 s
72 ℃	1 min
72 ℃	5 min

(98 ℃ 10 s、55 ℃ 20 s、72 ℃ 1 min 35×)

4. 建立酶切-连接体系

将纯化后的 PCR 产物和 PKSE40I 载体进行酶切连接，构建融合 2 个 sgRNA 表达框和目的基因靶位点序列的基因编辑载体，反应体系见表 16-4。

表 16-4　酶切-连接体系

组分	用量	反应条件
PCR 纯化产物	2 μL	
pKSE401 载体	2 μL	
10× T4 DNA 连接酶缓冲液	1.5 μL	5 h, 37℃
10×牛血清白蛋白(BSA)	1.5 μL	5 min, 50℃
*Bsa*I 内切酶	1 μL	10 min, 80℃
T4 连接酶	1 μL	
ddH$_2$O	6 μL	
总体积	15 μL	

5. 连接产物转化大肠杆菌

(1) 大肠杆菌转化

取 5 μL 酶切-连接产物转化大肠杆菌(DH5α)，使用含卡那霉素的 LB 培养基进行筛选培养。

(2) 阳性克隆鉴定

用引物 U626-IDF 和 U629-IDR 对单克隆菌落进行 PCR 鉴定(726 bp)，用 U626-IDF 和 U629-IDF 对验证成功的单克隆进行测序。引物序列见表 16-5。

表 16-5 检测引物序列

引物名称	序列
U626-IDF	TGTCCCAGGATTAGAATGATTAGGC
U629-IDF	TTAATCCAAACTACTGCAGCCTGA
U629-IDR	AGCCCTCTTCTTTCGATCCATCAAC

(3) 基因编辑载体的质粒提取

阳性克隆鉴定成功后，使用质粒快速小提试剂盒提取质粒。

6. 基因编辑载体转入细胞

将提取的质粒用电击转化法转入根癌农杆菌 GV3101，验证成功后，采用农杆菌介导的遗传转化技术通过 T-DNA 插入至植物基因组中，用含有卡那霉素抗性的培养基进一步筛选培养。

7. 基因编辑植株的检测

(1) 验证 CRISPR/Cas9 系统载体转入植物

用 CTAB 法提取植物基因组 DNA，利用 U626-IDF 和 U629-IDR 进行 PCR 检测。

(2) 靶点检测(测序法)

在靶点上下游 250 bp 的位置设计检测引物，对基因编辑植株 DNA 进行 PCR 扩增，将 PCR 产物进行一代测序；此外可利用二代测序技术对基因编辑材料进行靶位点的鉴定，通过对测序结果进行分析判断是否发生编辑。

(3) PCR/限制性内切酶(RE)检测

通过对 PCR 扩增的 DNA 片段进行限制性酶切分析来区分靶基因位点是否被编辑(该方法的局限靶位点处必须有限制性酶切位点)。设计 300~1 700 bp 且包含靶点序列的扩增子，之后用限制性内切酶进行酶切，通过电泳检测，基于电泳条带的带型进行区分，若条带完全被切开，表示该植株没有产生突变；条带部分被切开，表示该植株为杂合突变或嵌合体；条带完全没有被切开，表示该植株为纯合突变或双等位基因突变。

五、实验注意事项

（1）根据植物种类选取合适的 CRISPR/Cas 系统。

（2）在转基因植株检测中提取使用高质量的完整 DNA，确保没有其他污染物。

（3）确保基于目标基因的精确序列设计靶位点，确保靶点序列的特异性，如果靶点序列和目标基因序列不同，则会降低效率。

六、思考题

（1）CRISPR/Cas 系统可以进行多个基因的编辑吗？
（2）在转基因植株培育的后代中 Cas9 蛋白会丢失吗？
（3）基因编辑技术在植物中有哪些应用？
（4）如何降低基因编辑的脱靶效率？
（5）基因编辑技术和传统转基因技术有什么区别？

实验 17　SSR 分子标记的开发

一、实验目的

了解 SSR(simple sequence repeats)分子标记的基本内涵，掌握利用 DNA 序列寻找 SSR 位点，并针对 SSR 位点设计能用于 PCR 扩增反应的引物的方法与技巧。

二、实验原理

SSR 标记又称做微卫星 DNA(microsatellite DNA)，是近年来发展起来的一种以特异引物 PCR 为基础的分子标记技术，是指一类由几个核苷酸(一般为1~6个)为重复单元组成的长达几十个核苷酸的串联重复序列。存在这种重复单元的核苷酸位点称为 SSR 位点。每个 SSR 两侧的序列一般是相对保守的单拷贝序列。根据现有基因组学数据分析，几乎所有植物基因组中都存在大量的 SSR 位点。在减数分裂的同源染色体配对时，SSR 位点由于具有多个重复单元，极易造成错误配对(图 17-1)，随之减数分裂产生的配子在 SSR 位点就会产生重复单元个数的变异。在随后配子随机组合形成新的植物个体时，不同个体之间在 SSR 位点就会保留这些重复单元的变异。因此，在自然界中，与其他位点相比，

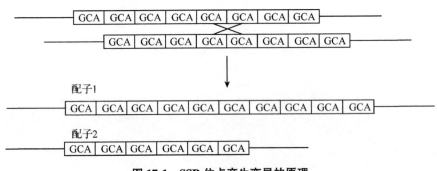

图 17-1　SSR 位点产生变异的原理

不同植物个体之间 SSR 位点的多样性往往更为丰富，这也是利用 SSR 位点开发分子标记的主要原因。

SSR 位点查找的基本原理是利用一些计算机语言（如 Perl、Python 的相关程序），在所要分析的目标序列中对具有重复单元特征的位点进行批量查找。获得这样的位点后，提取位点两翼 100~200 bp 的序列进行引物设计，利用 PCR 技术扩增不同植物个体的 SSR 位点，随后利用电泳或测序技术获取不同个体间 SSR 位点的差异。

需要特别指出的是，SSR 位点的变异一般主要是重复单元个数的差异，而这种差异所产生的碱基长度差异一般在 2~10 bp。因此，针对 SSR 位点多态性检测的根本目标就是把不同植物个体间同一位点 2~10 bp 的差异展现出来。这就要求随后所进行的检测技术要有非常高的区分度。在实际操作中，利用琼脂糖凝胶电泳是不足以区分不同个体间 SSR 位点差异的。早期人们主要利用聚丙烯酰胺凝胶电泳进行 SSR 分子标记，而现在人们主要利用毛细管电泳技术对 SSR 位点进行区分。本实验主要介绍使用毛细管电泳技术对 SSR 位点的 PCR 扩增产物进行检测的方法。

三、主要仪器及试材

植物基因组序列、计算机、SSR 位点查找程序和引物设计程序。

四、实验方法与步骤

针对已知序列的 SSR 位点查找，主要分两种情形。当序列较少（一般为 1~500 kb）时，可以利用一些在线软件进行 SSR 位点查找和引物设计；而当要对全基因组等大批量数据进行 SSR 位点的查找和引物设计时，一般通过本地服务器采用程序编写的方式寻找 SSR 位点和开展引物设计。本实验主要针对少量 DNA 序列进行 SSR 位点查找和引物设计。

1. 准备要分析的 DNA 序列

将需要分析的序列整理成 fasta 格式（Fa 格式）。fasta 格式是一种 DNA 序列储存的通用格式，其由两行组成。第一行以">"开始，后接序列名称；第二行为 DNA 序列，DNA 序列超过一行时会自动换行。DNA 序列的 fasta 格式如图 17-2 所示，多个序列可以放在同一个文件中。fasta 格式本质是一种文本格式，可以用所有的文本程序打开。

```
>DNA1
AGGAAGATTTAGTCTGTTATGCTACATGAAATGCAAAATTCCATTAATTGCAAGTGGTCGGACAAGTTTC
ACAATCACTACAACAACAACAACAACAAGAAAGAATACATTCTTGAATCCTTGCCAAATTTAAGACCAT
GGTTCATAATCATTCAAGGATGGTACAGAATAAAGTCATATTTATATCAAGGGAGACATGCCACTATATC
ATTCATATATTCCACATTGCCATTTCCCTTGTGATCATTCACATTACTGCTACATTT
>DNA2
CATATCTGGGATTCACCCTAGATGCCTGAAATCAAGAAGAGCAATTAGACTGTAATTTTCTTTTTCTGAG
AAAAAATAATCAATTTAGGGACAAGAAGCAGCATTTCTGCTTGAATATTTTGAATGAATAGTAACATTAT
ATTCCCCAATTATTCAAGGGAGATAACACACACACACACACACACATCAGCCCCAAACACATCTCCA
GAATGTCTTCATTCTATGGCACAAAGGAATACAGAA
```

图 17-2　fasta 格式示意

2. 在线分析 SSR 位点

将上述 DNA 序列放在文本文档中存储，并对该文件进行命名。随后在计算机上打开网页浏览器，进入 SSR 在线分析网站（PSSRD），在该页面上点击"DNA 序列上传"。点击"选择文件"，将存储好的 DNA 文件上传即可。在网页上还有多个 SSR 参数可供选择，这些参数主要是定义要查找的 SSR 重复单元，可根据自己的需求进行设置（一般默认即可）。选择好参数后，点击"Start"，便可开始 SSR 位点分析。随后进入结果页面，有多种结果展现方式。点击"SSR Browse"下的"ssr. misa"后，网页便会自动下载 SSR 结果。所获得的结果如表 17-1 所列。

表 17-1　SSR 位点信息

ID	SSR nr.	SSR type	SSR	size	start	end
DNA1	1	p3	（ACA）6	18	80	97
DNA2	1	p2	（AC）11	22	166	187

结果分别给出了 DNA1 和 DNA2 的 SSR 位点信息。通过该信息可知，DNA1 序列上有 1 个 SSR 位点，该位点是 ACA 碱基单元重复 6 次，位于 80~97 bp。同理，DNA2 序列具有 1 个 SSR 位点，该位点是 AC 重复 11 次，位于 166~187 bp。

3. 对 SSR 位点设计 PCR 扩增引物

获得目标序列的 SSR 位点后，需对 SSR 位点进行引物设计，随后再利用 PCR 技术扩增该位点。引物设计的软件有很多，本次实验以在线版本的 Primer3 为例，介绍如何对 SSR 位点进行引物设计。

打开 Primer3 软件的在线分析平台，依据说明将要设计引物的序列粘贴到第一个文本框中(如将 DNA1 的序列的 fasta 格式粘贴进序列输入处),随后在参数设定区设定参数。对于 SSR 位点的引物,我们需要指定引物扩增包含区域、引物扩增的 PCR 产物长度。设定引物扩增的包含区域是为了将 SSR 位点包含进 PCR 产物中,而 PCR 产物的长度设定是 PCR 产物检测技术决定的。一般而言 PCR 产物在 80~250 bp 时 SSR 多态性的区分度比较高。对于 DNA1 而言,SSR 位点位于 80~97 bp,因此设定引物扩增的"targets"参数为"80, 18",意即 PCR 产物应该包含第 80 bp 及其随后的 18 bp 区域。而在"Product Size Ranges"参数下设置为"80~250",意即 PCR 产物长度为 80~250 bp,其他参数保持不变。最后点击"Pick Primers",在引物输出页面则会出现 5 对最佳引物的列表,其中最佳的引物列在最上面(图 17-3)。

```
PRIMER PICKING RESULTS FOR DNA1

Template masking not selected
No mispriming library specified
Using 1-based sequence positions

OLIGO         start  len   tm     gc%    any_ th  3´_ th  hairpin  seq
LEFTPRIMER    50     20    58.98  50.00  10.76    0.00    0.00     GCAAGTGGTCGGACAAGTTT
RIGHTPRIMER   204    20    58.71  50.00   0.00    0.00    0.00     AGTGGCATGTCTCCCTTGAT

SEQUENCE SIZE: 266
INCLUDED REGION SIZE: 266
PRODUCT SIZE: 155
```

图 17-3 引物输出页面示意

因此,针对 DNA1 的 SSR 位点最佳引物对为 GCAAGTGGTCGGACAAGTTT(上游引物)和 AGTGGCATGTCTCCCTTGAT(下游引物),该引物的退火温度约为 59℃,扩增 PCR 产物长度为 155 bp。如果需要更多的引物,可以在引物列表中选择。

五、实验注意事项

(1)查找 SSR 位点时,重复单元数参数可以根据需要进行设定。一般重复单元数越多,该位点在不同植物个体中出现的变异可能性越大。但重复单元数越多,在基因组中发现的比例就越小。一般而言 2 碱基的重复单元数不应低于 6 次,3 碱基的重复单元数不应低于 5 次,3 碱基以上重复单元一般在 4 次及以上。

(2) 并不是所有 SSR 位点在不同个体中都会出现变异。同理，SSR 引物并非百分之百按照我们的预期去扩增目的 SSR 位点。因此，无论从哪个角度来说，所设计的 SSR 引物必须进一步筛选，方可进行规模化应用。

(3) SSR 位点的查找须提供 DNA 序列信息。而这种 DNA 序列信息往往需要所研究植物物种的参考基因组，如若没有也可以用其同属亲缘关系较近的物种 DNA 序列开展 SSR 位点的查找。例如，在杨柳科中，柳属物种基因组信息较少，这时我们可以利用杨属植物的基因组信息查找 SSR，开发 SSR 引物，将这些 SSR 引物用于柳属植物不同个体的 SSR 位点筛选。

(4) 在进行 SSR 位点的引物设计时，并非所有 SSR 位点都能设计获得理想的引物。有些 SSR 位点因序列组成的特殊性（如高 AT 含量），无法通过引物设计软件得出参数阈值限制下的引物组合。这种情况下，要么放弃该 SSR 位点，要么人工针对该 SSR 位点设计引物，但人工设计的引物可能扩增效率比较低。

六、思考题

(1) 为什么 SSR 位点在不同植物个体中变异丰富？
(2) 能否自行编写一个程序，针对大数据（>1 Mb）的序列查找 SSR 位点？
(3) SSR 位点为什么不能用琼脂糖凝胶电泳检测？
(4) 为什么可以用亲缘关系近的物种基因组开发 SSR 标记？

实验 18　分子标记的 PCR 检测

一、实验目的

系统掌握分子标记样品采集、PCR 扩增、检测的基本步骤与方法，了解分子标记的判读和赋值。

二、实验原理

分子标记是生物遗传标记的一种，其作为一种直接反应 DNA 水平遗传多态性的手段，已被广泛应用于作物育种中，并且也越来越多地应用于木本和草本花卉植物的研究中。即通过设计不同的引物，利用 PCR 反应在生物的基因组 DNA 上扩增出相关片段，再进一步通过电泳、识别、分析，对林木花卉遗传信息进行研究。

分子标记种类有很多，第一代分子标记以 RFLP 为代表，是基于酶切位点的多态性开发的分子标记；第二代分子标记以 SSR 为代表，是基于简单重复序列的多态性开发的分子标记，能够扩增 DNA 上相应位置的序列，再根据它们的多态性进行分析；第三代分子标记以 SNP 为代表，是基于单核苷酸多态性和新一代高通量测序技术的新一代分子标记技术。

三、主要仪器及试材

制冰机、普通 PCR 仪、移液枪、DYY-6C 型电泳仪、通风橱、万分之一天平、药匙、制胶板、移液枪对应量程的枪头、紫外照胶仪、高速离心机、酶标仪；称量纸、塑料泡沫盒、琼脂糖、自封袋、记号笔等；杨树杂交子代群体或其他植物群体。

四、实验方法与步骤

1. 样品采集与保存

本实验从杨树田间子代植株上采取叶片，但取样时间较长，用液氮速冻样品成本较高，而且会造成反复冻融，降解叶片DNA，因此，本实验中用冰暂时保存样品，取样完成后再将全部样品迅速放入-80℃保存。具体采样过程如下：

①每小组打印一份子代田间位置分布图，并划分任务区。

②出发之前，将子代田间编号用不易抹去的记号笔写在自封袋上。

③准备较大的塑料泡沫盒，在出发前从制冰机上打冰至泡沫盒2/3高度位置。

④根据子代编号，每个分枝可从第4~6个叶片位置剪取1个叶片，每个单株剪取共5~6片叶子。取完放入编号对应的自封袋，将其立即埋入冰中。

⑤取完所有样品，返回室内，迅速存放于-80℃。

2. gDNA提取及质量检测

在本实验中用2%CTAB提取叶片组织DNA，具体提取步骤如下：

①取0.5 g杨树叶片组织于研钵中，加入液氮迅速研磨成粉末后加入1 mL 2% CTAB提取液（980 μL CTAB+20 μL巯基乙醇，65℃预热），仔细研磨使之形成匀浆后转入1.5 mL离心管中。65℃水浴30~60 min，期间每隔10 min，轻轻上下颠倒混匀。

②12 000 r/min离心15 min，吸取上清液于一新的1.5 mL EP离心管中，注意不可吸取沉淀。

③在通风橱内，加入等体积的氯仿：异戊醇（24：1），用高速振荡混匀器混匀，以便萃取液与样品充分接触。室温静置10 min。

④10 000 r/min离心10 min，将上清液转移到新的1.5 mL离心管中。

⑤加入1 mL -20℃预冷的无水乙醇，-20℃冰箱静置沉淀1 h。

⑥待DNA成团后（可观察到絮状DNA），用蓝枪头及时挑取成团DNA于另一新的1.5 mL离心管中，用移液枪吸取多余无水乙醇，室温晾干。

⑦加入30~50 μL无菌ddH$_2$O溶解DNA，用移液枪反复吹打混匀，4℃保存过夜。

为了检验所提取DNA的质量，须进行琼脂糖凝胶电泳，根据条带大小和亮度来判断提取的DNA质量。

3. 分子标记引物设计

分子标记引物和其他全长引物基本一致，设计过程中需要遵守一些基本的引物设计原则。此外，分子标记引物必须要体现 DNA 序列的变异，左右两条引物分别设计在 DNA 序列变异区两端，如果设计成功，则这两条引物在每个子代 DNA 中扩增出的条带应存在差异。

分子标记引物设计中除了考虑引物的位置，还应考虑引物与模板不匹配的情况，因此，对每个分子标记须设计多对引物，从中找出最适引物。

4. PCR 扩增子代 DNA

提取 DNA 后，4℃保存过夜，使 DNA 充分溶解，再将 DNA 稀释 10 倍用于 PCR 反应模板。注意及时记录每管对应的子代编号，以便后续分析。PCR 反应体系见表 18-1 所列（2×Hieff Canace© PCR 高保真酶预混液试剂盒）。

表 18-1　分子标记扩增的 PCR 反应体系

组分	用量
DNA 模板	2 μL
ddH$_2$O	6 μL
上游引物	1 μL
下游引物	1 μL
2×Hieff Canace© PCR 高保真酶预混液	10 μL

依次加完各个组分后，放进普通 PCR 仪中，根据表 18-2 所示程序进行反应。

表 18-2　分子标记扩增的 PCR 反应条件

温度	时间	
95℃	3 min	
95℃	30 s	
55℃	30 s	35×
72℃	时间由片段长度确定，速率为 1 kb/min	
72℃	5 min	

延伸时间应根据最长片段长度设定。

5. 琼脂糖凝胶电泳

根据实验 7 中的方法制胶。一般一次需要电泳 48 个样品，一般把父本和母本 gDNA 扩增的反应产物点在前面两个孔，随后的孔中点子代 gDNA 扩增的反应产物。

6. 数据整理与分析

根据凝胶电泳图，整理实验结果，并用相应软件进行下一步的分析。

五、实验注意事项

（1）应提前准备采集样品所需的试材。

（2）样品采集完后应在短时间内提取 DNA，长时间存放会导致样品中 DNA 降解。

（3）由于样品较多，提取所有样品所需时间较久，须注意不要反复冻融样品，以免样品中 DNA 降解。

（4）提取 DNA 时，加入氯仿：异戊醇（24：1）须在通风橱进行，吸入此液体对人体危害较大。

（5）做 PCR 反应时应立即记录每管反应液所对应的模板子代编号，保存凝胶电泳图时同样。

六、思考题

（1）采集样品前应做好哪些准备工作？

（2）请写出采集样品过程中应注意的事项。

（3）提取 DNA 过程中用到了哪些对人体有害的化学试剂？分别有什么危害？

实验 19　利用二代测序技术进行 SNP 分子标记检测

一、实验目的

了解二代测序技术的基本原理与 SNP 分子标记的基本含义，掌握利用二代测序技术进行不同林木花卉个体之间 SNP 分子标记检测的基本流程。

二、实验原理

SNP（single nucleotide polymorphism）指在基因组上单个核苷酸的变异，包括置换、颠换、缺失和插入。SNP 在基因组中分布相当广泛，近来的研究表明在人类基因组中每 300 个碱基对就出现一次，而在一些多年生木本植物的自然群体中，其 SNP 在基因组中的分布更为广泛。SNP 分子标记的本质是不同个体之间 DNA 序列的差异，因此，可以将其理解为一种终极 DNA 分子标记。前面学过的所有分子标记类型都是 SNP 分子标记直接或间接的表现形式。

从前，人们获取 DNA 序列的成本高、技术难度大，因此，很难在基因组层面大量获取不同个体间的 SNP 分子标记。随着二代测序技术的出现，获取 DNA 序列的难度和成本大大降低，因此，SNP 分子标记越来越成为一种主流的 DNA 分型技术。

二代测序技术又称下一代测序技术，是对第一代测序技术的划时代变革。二代测序技术有多个平台，不同的平台技术原理各不相同。但总的来说，二代测序技术一般采用微珠或高密度芯片边合成边进行测序。相较于第一代测序技术有如下特点：第一，二代测序技术是一种高通量测序技术，能在较短时间内获得以 Gb 为单位的数据量；第二，二代测序技术一般读长比较短，单个片段的长度一般小于 500 bp；第三，二代测序技术成本非常低。因此，二代测序技术一般流程为获取高质量的样本 DNA、对样本 DNA 进行测序文库的构建、在二代测序平台上进行测序、对测序数据进行分析。二代测序通量高、获得的数据量大，因此，二代测序技术在数据分析上需要借助专门的生物信息学平台，而测序流程较为一致，通常交由专业人员操作。

根据上述技术原理，在对林木花卉不同个体进行基于二代测序技术的 SNP 分子标记检测时，其基本流程可以分为：①提取高质量植物 DNA；②对 DNA 进行测序文库的构建；③在测序平台上测序；④对测序数据进行分析，获取高质量 SNP 分子标记。对于普通科研人员，主要需要完成步骤①和步骤④；在对测序数据进行分析过程中，二代测序获取的数据都是短片段，因此，其分析基本流程可以分为数据过滤和质控、短片段比对到参考基因组和 SNP 的获取。

三、主要仪器及试材

DNA 提取相关设备和试剂、高性能生物信息学服务器和相关软件平台。

四、实验方法与步骤

1. 不同个体高质量 DNA 的提取

按照前面实验提及的 DNA 提取方法提取要进行 SNP 分子标记分析的不同个体高质量 DNA。

2. 高通量 DNA 测序数据的质控过滤

采用 trimmomatic-0.39 软件进行低质量序列的筛除，SRR1770413 和 SRR1770414 是两个利用二代测序获得的原始序列文件。

```
java -jar trimmomatic-0.39.jar PE SRR1770413.R1.fastq.gz SRR1770413.R2.fastq.gz cleanFq/SRR1770413.R1.clean.fq.gz cleanFq/SRR1770413.R2.clean.fq.gz cleanFq/SRR1770413.unpaired.R2.fq.gz cleanFq/SRR1770413.unpaired.R2.fq.gz ILLUMINACLIP：/home/biosoft/Trimmomatic-0.39/adapters/all.fa:2:30:10 LEADING:3 TRAILING:3 SLIDINGWINDOW:4:15 MINLEN:36
```

可获得"SRR1770413.R1.clean.fq.gz"和"SRR1770413.R2.clean.fq.gz"文件。按同样的流程可以获得"SRR1770414.R1.clean.fq.gz"和"SRR1770414.R2.clean.fq.gz"。

3. 利用 GATK4 流程进行不同个体 SNP 的分析

以下代码中 K12_MG1655.fa 为参考基因组序列。

#3.1. 建立索引

samtools faidx E. coli_ K12_ MG1655.fa
bwa index E. coli_ K12_ MG1655.fa
/home/biosoft/gatk-4.1.5.0/gatk CreateSequenceDictionary -R E. coli_ K12_ MG1655.fa -O E. coli_K12_MG1655.dict

#3.2. 比对

bwa mem -t 4 -R '@RG \ tID：id1 \ tPL：illumina \ tSM：SRR13' /home/wangn/data/ref_genome/ecoli/E. coli_ K12_ MG1655.fa fq/SRR1770413_1.fastq.gz fq/SRR1770413_2.fastq.gz | samtools view -bS - >bam_dic/SRR1770413.bam

bwa mem -t 4 -R '@RG \ tID：id2 \ tPL：illumina \ tSM：SRR14'/home/wangn/data/ref_genome/ecoli/E. coli_ K12_ MG1655.fa fq/SRR1770414_1.fastq.gz fq/SRR1770414_2.fastq.gz | samtools view -bS - >bam_dic/SRR1770414.bam

samtools sort -@ 3 -o bam_dic/SRR1770413.sorted.bam bam_dic/SRR1770413.bam
samtools sort -@ 3 -o bam_dic/SRR1770414.sorted.bam bam_dic/SRR1770414.bam

#3.3. 标记 PCR

/home/biosoft/gatk-4.1.5.0/gatk MarkDuplicates -I bam_dic/SRR1770413.sorted.bam -O bam_dic/SRR1770413.sorted.markdup.bam -M bam_dic/13.sorted.markdup_metrics.txt

/home/biosoft/gatk-4.1.5.0/gatk MarkDuplicates -I bam_dic/SRR1770414.sorted.bam -O bam_dic/SRR1770414.sorted.markdup.bam -M bam_dic/14.sorted.markdup_metrics.txt

samtools index bam_dic/SRR1770413.sorted.markdup.bam
samtools index bam_dic/SRR1770414.sorted.markdup.bam

#3.4. SNPcalling

/home/biosoft/gatk-4.1.5.0/gatk --java-options -Xmx4G HaplotypeCaller -I bam_dic/SRR1770413.sorted.markdup.bam -I bam_dic/SRR1770414.sorted.markdup.bam -O all.vcf -R /home/wangn/data/ref_genome/ecoli/E. coli_K12_MG1655.fa

#3.5. SNP 质量筛选和分类

/home/biosoft/gatk-4.1.5.0/gatk SelectVariants -V all.vcf -O all.snp.vcf --select-type-to-include SNP

/home/biosoft/gatk-4.1.5.0/gatk SelectVariants -V all.vcf -O all.indel.vcf --select-type-to-include INDEL

/home/biosoft/gatk-4.1.5.0/gatk VariantFiltration -O all.snp.fil.vcf.temp -V all.snp.vcf --filter-expression 'QUAL < 30.0 || QD < 2.0 || FS > 60.0 || SOR > 4.0' --filter-name lowQualFilter --cluster-window-size 10 --cluster-size 3 --missing-values-evaluate-as-failing

```
/home/biosoft/gatk-4.1.5.0/gatk VariantFiltration -O all.indel.fil.vcf.temp -V all.indel.
vcf --filter-expression 'QUAL < 30.0 || QD < 2.0 || FS > 60.0 ||    SOR > 4.0' --fil-
ter-name lowQualFilter --cluster-window-size 10   --cluster-size 3 --missing-values-evalu-
ate-as-failing
    grep PASS all.snp.fil.vcf.temp>all.snp.fil.vcf
    grep PASS all.indel.fil.vcf.temp>all.indel.fil.vcf
```

最后可获得"all.snp.fil.vcf"和"all.indel.fil.vcf"，这两个文件分别为 SRR1770413 和 SRR1770414 两个个体与参考基因组之间的 SNP 和 InDel（Insert/Deletion，短片段插入缺失）。

五、实验注意事项

（1）进行不同林木花卉基于二代测序技术的 SNP 分析时，一定要提取高质量的 DNA。

（2）获得二代测序下机数据后，一定要对短片段序列进行质量控制。

（3）大部分情况下获取的二代测序数据为双末端（PE），即一个个体对应两个测序文件（R1 和 R2）。但在少数情况下，可能只进行单末端测序（SE），其测序文件只有一个，分析流程基本相同。

（4）对不同个体 SNP 分析时，有多种分析流程。目前认可度最高，最通用的为 GATK 分析流程。根据特殊需要可以采取其他流程。

（5）当有更多个体的测序数据进行分析时，可以根据 GATK 流程说明文档进行适当调整，甚至编写批量化 shell 脚本。

（6）在结果文件中，SNP 和 Indel 文件可以合并，也可以分开，可以根据不同后续分析需要进行酌情处理。

六、思考题

（1）进行二代测序分析 SNP 时，为什么需要提取个体高质量 DNA？

（2）当研究的物种没有参考基因组时，能不能基于二代测序获取个体间差异 SNP 分子标记？

（3）VCF 文件中每行和每列各代表什么含义？

实验 20　利用分子标记构建遗传图谱

一、实验目的

了解遗传图谱的定义及用途，并掌握使用一种软件利用分子标记构建遗传图谱的方法。

二、实验原理

遗传图谱是指用遗传距离来反应多态性遗传标记在染色体上相应位置的基因组图。遗传图谱上的标记可分为多种，包括但不限于本教材之前实验介绍过的所有标记类型，还包括一些形态学标记，如孟德尔遗传实验中的花色、果皮皱缩程度等。构建遗传图谱的基本原理是两点测验和三点测验，即位于同一条染色体的分子标记理论上是连锁遗传的，但实际上标记间具有一定的交换频率，标记间距离越远交换频率越高，因此，将交换率为1%的距离定义为1c mol（厘摩）。

能够用于构建遗传图谱的群体有很多种类型，包括双亲都纯合的 RIL（重组近交系）、DH（双单倍体）、F2、BC（回交）等。林木花卉一般都是开放授粉，且很多还是雌雄异体、雌雄同体异花、雌雄同花但自交不亲和等生殖类型，因此，在林木花卉中很难获得双亲纯合的后代杂交群体。所以，人们针对林木花卉这种杂合物种提出了用 F1 杂交群体构建遗传连锁图谱和开展后续的 QTL 定位的研究方案。F1 杂交群体的双亲也是杂合的，因此，可以将 F1 群体看作是两个回交群体（亲本1和亲本2各自的回交群体），而 F1 群体所构建的遗传图谱也应该是两张不同的遗传图谱。在实际操作中，可以将亲本1和亲本2共同的分子标记作为桥梁，然后将这两张遗传图谱整合成一张遗传图谱。有些软件可以以"F1"或者"CP"模式直接开展 F1 遗传图谱的构建（如 Joinmap 软件）。

三、主要仪器及试材

高性能生物信息学服务器和相关软件平台；R 语言和"QTL"程序包。

四、实验方法与步骤

1. 获取作图群体的基因型数据，并整理成软件所需要的格式

本次实验采用 R 语言中的"QTL"程序包构建遗传图谱。所使用的遗传群体为树木 F1 群体，即双亲和子代基因型均为杂合。

基因型数据格式如下：

id	C2M28	C2M2	C1M5	C3M16	C2M16
	1	1	1	1	
id1	H	A	H	H	H
id2	H	H	H	A	B
id3	A	A	H	B	H
id4	A	H	B	A	H
id5	H	A	H	B	B
id6	A	B	H	B	A
id7	H	H	H	B	H
id8	A	H	H	H	B
id9	A	B	A	A	A
id10	H	H	H	A	H
id11	H	A	H	A	A
id12	H	H	A	A	H
id13	H	H	H	H	B
id14	—	—	—	—	—
id15	H	H	B	H	H
id16	H	H	B	B	H
id17	H	B	H	H	B
id18	H	H	H	A	H
id19	B	H	H	A	A
id20	H	B	H	B	H
id21	A	H	H	H	H

其中第一行为样本 id 标识和标记名称，第二行为初步将该标记所分的连锁

群。如果对所有标记均不知道初步分在哪一个连锁群,该值可以全部赋为"1"。第三行开始为每个单株在每个标记上的基因型。最左边一列为样本 id 标识,如样本 id2 在 C2M28、C2M2、C1M5、C3M16、C2M16 这 5 个分子标记上的基因型分别为 H、H、H、A、B,H 为 AB 混合基因型。

数据保存在"mapthis.csv"文件中。

2. 按照如下代码开展遗传图谱构建

```
library(qtl)
mapthis<- read.cross("csv",".","mapthis.csv")
summary(mapthis)
pdf(file="1.pdf")
par(mfrow=c(1,2),las=1)
plot(ntyped(mapthis),ylab="No. typed markers",main="No. genotypes by individual")
plot(ntyped(mapthis,"mar"),ylab="No. typed individuals",main="No. genotypes by marker")
dev.off()
###将标记基本信息画在图"1.pdf"中
##Study pairwise marker linkages; look for switched alleles
mapthis<- est.rf(mapthis)
checkAlleles(mapthis,threshold=5)
rf <- pull.rf(mapthis)
lod<- pull.rf(mapthis,what="lod")
pdf(file="2.pdf")
plot(as.numeric(rf),as.numeric(lod),xlab="Recombination fraction",ylab="LOD score")
dev.off()
###将标记之间的重组信息画在图"2.pdf"中
lg <- formLinkageGroups(mapthis,max.rf=0.35,min.lod=6)
table(lg[,2])
mapthis<- formLinkageGroups(mapthis,max.rf=0.35,min.lod=6,reorgMarkers=TRUE)
pdf(file="3.pdf")
plotRF(mapthis,alternate.chrid=TRUE)
dev.off()
###将所有标记连锁热图画在"3.pdf"中
##Form linkage groups
mapthis<- orderMarkers(mapthis,chr=1)
```

```
pull.map(mapthis, chr=1)
pull.map(mapthis, chr=2)
pull.map(mapthis, chr=3)
pull.map(mapthis, chr=4)
pull.map(mapthis, chr=5)
###利用pull.map()命令依次将所有连锁群信息展示出来
```

五、实验注意事项

（1）林木花卉的F1群体利用"Rqtl"程序包进行遗传图谱构建时，一般应将基因型分别转换为针对亲本1和亲本2的BC标记类型。这种转换可以直接使用Joinmap软件开展，也可以自行编写程序转换。

（2）构建遗传图谱须经过多次调整，有时还须删除一些质量较差的分子标记。

（3）在筛选分子标记时，除了考虑标记在所有单株上的完整性外，是否严重偏分离也是须考虑的关键因素。

（4）F1群体的两张遗传图谱应该分别构建。

（5）在熟悉Rqtl的操作后，有条件的情况下，应该利用Joinmap5.0等不同软件开展图谱的构建。有条件的情况下，应该将遗传图谱与基因组物理图谱进行共线性分析，对遗传图谱不合理的区域进行细致分析，剔除不合理的标记。

六、思考题

（1）遗传图谱的距离与基因组上的实际距离能否换算？怎么换算？

（2）如何将F1群体的基因型转换为两个亲本回交群体的基因型？

（3）对于那些严重偏分离的标记应该怎么处理？

（4）遗传图谱构建中的参数LOD值是什么意思？如何使用？

（5）如何进行分子标记分群？

（6）如何将遗传图谱中的不同连锁群与基因组中的染色体对应起来？

实验 21　数量遗传位点(QTL)定位

一、实验目的

理解数量性状位点(QTL)以及基因型和表型的基本含义,并掌握使用一种软件开展 QTL 定位的方法。

二、实验原理

QTL 是数量遗传位点的简称。在基因组上,这些数量遗传位点控制着数量性状或质量性状。QTL 定位的主要任务是利用已经获得的 DNA 分子标记,根据相关的遗传算法,找到控制不同性状的 QTL 位点,即找到植物性状控制位点在遗传连锁图上的对应区域,而这个区域是使用连锁遗传图谱上的图距和标记信息标识来进行的。近几年 QTL 定位广泛应用,在与人类疾病有关的基因定位研究甚多;在植物上,探究模式植物抗逆性基因的定位研究较多。

根据 QTL 定位的基本含义,开展其的先决条件是获得一张高质量的遗传连锁图谱和遗传连锁图谱对应群体的表型数据。关于构建遗传连锁图谱,实验 20 已详细说明。而对于表型数据,一般须获得遗传作图群体中每个单株 3 个不同环境的重复数据,同时,每一个环境中的数据要求有足够多的重复。对多年生木本花卉而言,其栽种占地较大,因此一般重复数可适当减少,3 个不同环境的限制也在不同年份进行表型观测。

三、主要仪器及试材

高性能生物信息学服务器和相关软件平台;R 语言和"QTL"程序包。

四、实验方法与步骤

(1)获取表型数据,并将其整理成如下格式

Flower	id
118.317	1
264	2
194.917	3
264	4
145.417	5
177.233	6
264	7
76.667	8
90.75	9
76.167	10

其中第一行为数据信息，Flower 为要研究表型的名称。第二行第 1 个数据为样本号 1 的表型数据。

（2）准备基因型数据，并将其整理成如下格式

id	D10M44	D1M3	D1M75	D1M215	D1M309
	1	1	1	1	1
	0	0.99675	24.84773	40.41361	49.99468
1	B	B	B	H	H
2	—	B	B	B	H
3	—	H	H	H	H
4	B	B	H	H	H
5	H	H	H	H	B
6	H	H	B	B	B
7	H	H	H	H	A
8	H	H	H	H	A
9	A	A	H	B	B
10	B	B	H	H	A

基因型数据与构建遗传连锁图谱的数据基本相同，只是增加了第三行为每个标记在遗传连锁图上的位置信息。

（3）按照如下代码构建遗传图谱

```
library(qtl)
a1_a<-read.cross(format=c("csv"), file="1707_ab_M.csv", genotypes=c("aa","ab","bb"), alleles=c("a","b"))
a1_a<- calc.genoprob(a1_a, step=1)
a1_a_single.hk <- scanone(a1_a, method="hk")
```

write.csv(a1_a_single.hk, file="1707_ab.allqtl.csv")
summary(a1_a_single.hk, threshold=2.5)

###########将获得如下结果
```
       chr   pos    lod
Chr01-10997153    1  171.4  3.17
Chr03-14214724    3   71.7  3.62
Chr04-12165533    4   76.6  3.68
c9.loc104         9  104.0  2.96
c15.loc129       15  129.0  4.28
c16.loc163       16  163.0  3.59
c17.loc45        17   45.0  2.82
Chr18-16556211   18   23.8  3.00
Chr19-1219868    19   73.5  3.32
```
##########
summary(a1_a_single.hk, threshold=3.0)
##########将获得如下结果
```
       chr   pos    lod
Chr01-10997153    1  171.4  3.17
Chr03-14214724    3   71.7  3.62
Chr04-12165533    4   76.6  3.68
c15.loc129       15  129.0  4.28
c16.loc163       16  163.0  3.59
Chr19-1219868    19   73.5  3.32
```
##########
a1_a<-jittermap(a1_a)
a1_a_m<- sim.geno(a1_a, step=2, n.draws=1000, err=0.001)
stepout1 <- stepwiseqtl(a1_a_m, additive.only=TRUE, max.qtl=6, verbose=FALSE)
stepout1
##########将获得如下结果
QTL object containing imputed genotypes, with 1000 imputations.

```
    name chr    pos n.gen
Q1 4@76.6   4  76.567    3
```

  Formula: y ~ Q1

pLOD：0.292

\#\#\#\#\#\#\#\#\#

\#\#\#\#\#\#\#\#\#\#将获得如下结果

a1_ a_ m

stepout2 <- stepwiseqtl(a1_ a_ m, max. qtl = 6, keeptrace = TRUE, verbose = FALSE)

stepout2

\#\#\#\#\#\#\#\#

    name chr   pos n. gen

Q1 4@76. 6   4 76. 567   3

  Formula：y ~ Q1

pLOD：0.303

\#\#\#结果显示，有 1 个 QTL，无互作

qtl<-makeqtl(a1_ a_ m, chr = c(4), pos = c(76. 567))

\#\#\#\#利用加性模型估算每个 QTL 位点对表型贡献率和 lod

out. fq<- fitqtl(a1_ a_ m, qtl = qtl, method = "hk", formula = y~Q1)

summary(out. fq)

\#\#\#\#\#\#\#\#

fitqtl summary

Method：multiple imputation

Model： normal phenotype

Number of observations : 294

Full model result

Model formula：y ~ Q1

	df	SS	MS	LOD	%var	Pvalue(Chi2)	Pvalue(F)
Model	2	13. 15694	6. 57847	3. 823205	5. 812819	0. 0001502431	0. 0001643641
Error	291	213. 18660	0. 73260				
Total	293	226. 34354					

```
#######
operm<- scanone(a1_a_m, method="hk", n.perm=1000)
plot(operm)
summary(operm)

LOD thresholds (1000 permutations)
     lod
5%   4.37
10%  4.04
########
rqtl<- refineqtl(a1_a_m, qtl=qtl, method="hk", formula=y~Q1)
###1.5-LOD/95% interval estimates
lodint(rqtl, qtl.index=1) ###1.5-lod
bayesint(rqtl, qtl.index=1) ###95%
###
                    chr      pos         lod
c4.loc18             4    18.00000   0.8102419
Chr04-12165533       4    76.56703   3.8232055
Chr04-5416423        4   180.25806   1.0728449
```

五、实验注意事项

（1）用于 QTL 定位的表型数据每一个环境视为一次数据。不同环境的表型数据须单独进行 QTL 定位。获得不同环境的 QTL 信息后，再进行比较。

（2）多个环境的 QTL 信息，应该选取共同重叠区域作为可信的 QTL 区间。

（3）单个环境扫描获得的 QTL 往往可信度不高。

（4）QTL 分析的软件有多种。同种软件也有不同的算法，在实际应用时，应使用多种不同的算法进行比较。

六、思考题

（1）开展林木花卉 QTL 定位研究的目的是什么？

（2）完成 QTL 定位后，还可以进行哪些研究？

（3）木本花卉往往具有父本和母本遗传图谱，在 QTL 定位分析时，如何利用这两种不同的遗传信息？

实验 22　利用分子标记开展全基因组关联分析

一、实验目的

了解全基因组关联分析(GWAS)的基本定义和影响 GWAS 分析效率的因素，掌握使用一种软件开展 GWAS 分析的方法。

二、实验原理

全基因组关联分析(genome-wide association studies，GWAS)是指在全基因组层面上，开展多中心、大样本、反复验证的基因与表型的关联分析，是通过对大规模的群体 DNA 样本进行全基因组高密度分子标记的开发，从而寻找与复杂表型相关的遗传因素，全面揭示所研究表型的遗传控制位点的研究方法。用于 GWAS 分析的分子标记包括但不限于 SNP、SSR 等。

QTL 定位使用的研究材料为控制授粉的杂交群体，而 GWAS 分析使用的研究材料往往为自然群体。无论是 QTL 定位还是 GWAS 分析，其使用的群体个数应尽量多。从目前研究经验来看，200~500 个单株的自然群体比较适合用于 GWAS 分析。

GWAS 分析是利用个体间 DNA 遗传变异，以统计学的方法，寻找控制所研究表型的基因组控制位点。因此，GWAS 分析所使用的统计模型非常关键。目前使用的 GWAS 分析统计模型有一般线性模型 GLM、混合线性模型 MLM、压缩混合线性模型 CMLM、逐步排他性亲缘关系 SUPER 等。不同软件使用的统计模型不同。目前在植物 GWAS 分析中，使用较为普及的软件有 TASSEL5(trait analysis by association, evolution, and linkage)、GEMMA(genome-wide efficient mixed model association algorithm)和 GAPIT(genome association and prediction integrated tool)等，其中 TASSEL5 是使用 Java 语言编写，且支持 Windows 可视化操作，是 GWAS 分析入门的很好选择。

三、主要仪器及试材

高性能生物信息学服务器和相关软件平台；提前安装好 Java 语言环境和 TASSEL5 软件包。

四、实验方法与步骤

①基因型数据的格式如下

```
rs#        alleles  chrom   pos strand assembly# center protLSID assayLSID panel  QCcode
811 33-16  38-11
           PZB00859.1A/C1  157104 + AGPv1 Panzea NA NA maize282  NA CC CC CC
           PZA01271.1C/G1  1947984 + AGPv1 Panzea NA NA maize282 NA CC GG CC
           PZA03613.2G/T1  2914066 + AGPv1 Panzea NA NA maize282 NA GG GG GG
           PZA03613.1A/T1  2914171 + AGPv1 Panzea NA NA maize282 NA TT TT TT
           PZA03614.2A/G1  2915078 + AGPv1 Panzea NA NA maize282 NA GG GG GG
           PZA03614.1A/T1  2915242 + AGPv1 Panzea NA NA maize282 NA TT TT TT
           PZA00258.3C/G1  2973508 + AGPv1 Panzea NA NA maize282 NA GG CC CC
           PZA02962.13A/T1 3205252 + AGPv1 Panzea NA NA maize282 NA TT TT TT
           PZA02962.14C/G1 3205262 + AGPv1 Panzea NA NA maize282 NA CC CC CC
           PZA00599.25C/T1 3206090 + AGPv1 Panzea NA NA maize282 NA CC TT CC
           PZA02129.1C/T1  3706018 + AGPv1 Panzea NA NA maize282 NA TT CC CC
           PZA00393.1C/T1  4175293 + AGPv1 Panzea NA NA maize282 NA TT TT TT
           PZA02869.8C/T1  4429897 + AGPv1 Panzea NA NA maize282 NA CC TT CC
           PZA02869.4C/G1  4429927 + AGPv1 Panzea NA NA maize282 NA CC CC CC
```

②表型数据的格式如下

```
<Trait>   EarHT   dpoll   EarDia
  811     59.5    -999    -999
  33-16   64.75   64.5    -999
  38-11   92.25   68.5    37.897
```

③群体结构数据的格式如下

```
<Covariate>
   <Trait>Q1    Q2      Q3
   811   0.014  0.972   0.014
   33-16 0.003  0.993   0.004
   38-11 0.071  0.917   0.012
```

④亲缘关系数据格式如下

```
277
   811    2        0.181608  0.018732
   33-16  0.181608 2         0
   38-11  0.018732 0         2
```

⑤获得上述数据后,将数据分别导入 Windows 版的 TASSEL5 软件中,按照相关操作进行 GWAS 分析。分析时,注意须选择不同的统计模型,包括"GLM""MLM"等。比较各种不同模型的结果,并根据相关指标选择适当模型的结果。GWAS 分析获得的曼哈顿图见图 22-1。

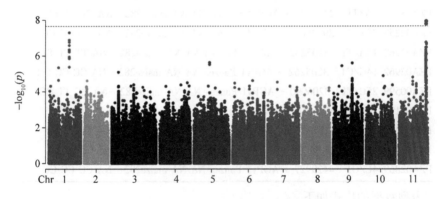

图 22-1　GWAS 分析所获曼哈顿图

五、实验注意事项

(1) TASSEL5 软件对数据格式要求比较高,须特别注意数据格式正确,否则会报错。

(2) 群体结构和亲缘关系是 GWAS 分析的中间文件,TASSEL5 软件可以根据输入的基因型文件直接计算这两个类型的数据,因此也可以不准备这两个文件。

(3) 使用多个环境的表型数据时，既可以将其使用合适的统计模型合并，也可以逐个环境进行分析，然后将不同环境 GWAS 分析数据进行整合。

(4) 当进行 GWAS 分析的数据量较大时，最好使用服务器版本的 TASSEL5 软件进行分析。

六、思考题

(1) GWAS 分析获得的结果有什么用途？
(2) 如何提高 GWAS 分析结果的准确性？
(3) GWAS 分析和 QTL 定位有什么异同？
(4) GWAS 分析与 QTL 定位分析各有哪些优缺点？

参考文献

崔世友,孙明法,2014. 分子标记辅助选择导论[M]. 北京:中国农业科学技术出版社.

郭仰东,2015. 植物生物技术实验教程[M]. 北京:中国农业大学出版社.

何光源,2007. 植物基因工程实验手册[M]. 北京:清华大学出版社.

梁红,2010. 生物技术综合实验教程[M]. 北京:化学工业出版社.

王蒂,2008. 植物组织培养实验指导[M]. 北京:中国农业出版社.

王廷华,董坚,习杨彦彬,2013. 基因克隆理论与技术[M]. 3版. 北京:科学出版社.

王晓峰,李征,2017. 园艺植物生物技术指导[M]. 杨凌:西北农林科技大学出版社.

王学德,2015. 植物生物技术实验指导[M]. 杭州:浙江大学出版社.

殷武,2013. 基因工程实验:Annexin V-EGFP 重组蛋白质的克隆表达与检测[M]. 北京:科学出版社.

尹伟伦,王华芳,2009. 林业生物技术[M]. 北京:科学出版社.

张献龙,2012. 植物生物技术[M]. 2版. 北京:科学出版社.

钟鸣,马慧,2008. 生物技术实验指导[M]. 北京:中国农业大学出版社.

朱玉贤,李毅,郑晓峰,等,2012. 现代分子生物学[M]. 4版. 北京:高等教育出版社.

BHOJWANI S S, DANTU P. K, 2013. Plant Tissue Culture:An Introductory Text [M]. New Delhi:SpringerIndia.

BOOPATHI N M, 2013. Genetic Mapping and Marker Assisted Selection:Basics, Practice and Benefits [M]. New Delhi:Springer India.

JONES H, 1995. Plant Gene Transfer and Expression Protocols [M]. New Jersey:Humana PressInc.

LöRZ H AND WENZEL G, 2005. Molecular Marker Systems in Plant Breeding and Crop Improvement [M]. Berlin, Heidelberg:Springer-Verlag Berlin Heidelberg.

NEUMANN K H, KUMAR A, IMANI J, 2009. Plant Cell and Tissue Culture-A Tool in Biotechnology [M]. Berlin, Heidelberg:Springer-Verlag Berlin Heidelberg.

PEñA L, 2005. Transgenic Plants:Methods and Protocols [M]. New Jersey:Humana Press Inc.

WANG K, 2006. Agrobacterium Protocols [M]. 2nd ed. New Jersey:Humana Press Inc.